Energiewirtschaft

Eine Studie über kalorische und hydraulische Energieerzeugung

Von

Privatdozent Dr. Ing. **Michael Seidner**
Budapest

Mit 55 Textabbildungen

W0254931

Springer-Verlag Wien GmbH
1930

Alle Rechte, insbesondere das der Übersetzung
in fremde Sprachen, vorbehalten

ISBN 978-3-7091-9773-8 ISBN 978-3-7091-5034-4 (eBook)
DOI 10.1007/978-3-7091-5034-4

Vorwort

Der ursprüngliche Zweck dieser Studie war, die Verhältnisse der hydraulischen Energieerzeugung systematisch klarzulegen. Es hat sich jedoch bald herausgestellt, daß Wasserkraftwerke als selbständige Betriebe in der modernen Energiewirtschaft nicht erhalten werden können; sie sind auf die Mitarbeit von kalorischen Werken angewiesen. Auch die Kostenlage der hydraulischen Energieerzeugung kann nur im Wege eines Vergleiches mit der rein kalorischen Produktion bestimmt werden. Eine systematische Untersuchung der hydraulischen Energieerzeugung kann daher nur gemeinsam mit der Analyse der kalorischen Produktion im Rahmen der allgemeinen Energiewirtschaft erfolgen.

Die schwungvolle Entwicklung des elektrischen Energieumsatzes führt zu einer Kuppelung von kalorischen und hydraulischen Werken sowie Speicherkraftwerken verschiedener Größe, Bauart, Lage, Alter und Wirtschaftlichkeit. In dieser Betriebsgemeinschaft bildet nunmehr die technische Vollkommenheit und Wirtschaftlichkeit der einzelnen Werke weder die Bedingung noch die Gewähr für das beste Gesamtergebnis. Der Höchstertrag von zusammenarbeitenden Kraftwerken ergibt sich vielmehr durch eine Anpassung des Absatzes und der Erzeugung, im Wege einer quantitativen und qualitativen Zergliederung des Absatzes entsprechend den festen und veränderlichen Kosten der Erzeugung und zwar nicht nur betriebstechnisch, sondern auch bautechnisch, bereits bei der Errichtung der Kraftwerke. Hiedurch entsteht eine organische Einheit der gekuppelten Werke: ein künstlich konstruierter Verbundbetrieb, der die Energie billiger, unter Umständen wesentlich billiger zu erzeugen vermag, als ein rein kalorisches Kraftwerk.

In der vorliegenden Studie wird die Berechnungsweise der Erzeugungskosten von kalorischen und hydraulischen Werken sowie Verbundbetrieben vorgeführt, die Erzeugungskosten derselben berechnet, die energiewirtschaftlichen Verhältnisse der Erzeugung, Verteilung sowie des Absatzes analysiert und die Faktoren gesucht, welche die Konkurrenzfähigkeit von kalorischen und hydraulischen Verbundbetrieben gegenüber der kalorischen Energieerzeugung beeinflussen; schließlich werden die Bedingungen entwickelt, die kalorische und hydraulische Verbundbetriebe zur Entfaltung des Höchstertrages befähigen. Vorliegende Arbeit ist aus den Studien entstanden, die der Verfasser während der verflossenen zehn Jahre geführt hat und deren Ergebnisse teilweise in der Elektrotechnischen Zeitschrift, Berlin (Die Spaltung der Energieerzeugung. Wasserkräfte als Spitzenkraftwerke. Vereinheitlichung von hydrokalorischen Verbundbetrieben), in der Wasserkraft und Wasserwirtschaft, München (Die Konkurrenzfähigkeit von hydrokalorischen Verbundbetrieben), in der Wasserwirtschaft, Wien (Versorgung Wiens mit hydraulischer Energie. Die Flußkraftwerke in der Energieerzeugung), und in der Schweizerischen Bauzeitung, Zürich (Zur Frage der Energieversorgung der Schweiz im Winter) veröffentlicht wurden.

Budapest, im November 1929.

Der Verfasser

Inhaltsverzeichnis

I. Kalorische Energieerzeugung

1. Eigenschaften und Darstellung des Energieflu

A. Spezifischer Inhalt; spezifische Belastung

Die Erzeugung, Verteilung und Lieferung von elektrischer Eı für den allgemeinen Bedarf hat sich zu einem selbständigen Zweig Industrie entwickelt; die in dieser Studie enthaltenen Untersuchı beziehen sich auf die energiewirtschaftlichen Verhältnisse von Elektriz werken, die Energie für den allgemeinen Bedarf erzeugen.

Der Energiebedarf einzelner Verbraucher ändert sich je nach Eigenart des betreffenden Arbeitsvorganges. Als Resultante der Ene verbrauche verschiedener Qualität und Quantität entstehen die Tɛ belastungsdiagramme der Elektrizitätswerke mit ihren charakteristischen Kurvenzügen. Die für Beleuchtungszwecke abgegebenen Energien verursachen die Früh- und Abendspitzen, während die langdauernden Tagesbelastungen von den motorischen Verbrauchen herrühren. Die täglichen Höchstbelastungen im Winter sind größer als die im Sommer; ebenso übersteigen die Belastungen der Wochentage jene der Sonn- und Feiertage.

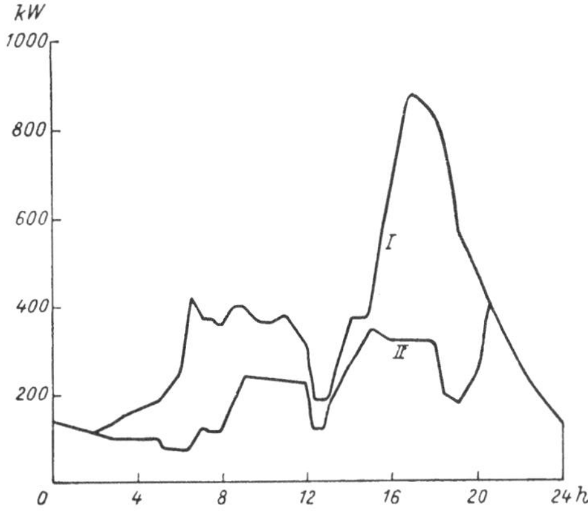

Abb. 1. Belastungsdiagramme eines Elektrizitätswerkes an einem Winter- und einem Sommertage. Spezifische Belastung = 2000 kWh kW

In der Abb. 1 zeigt Kurve I das Belastungsdiagramm eines kleineren Elektrizitätswerkes während eines Winter- und Kurve II während eines Sommer-Wochentages; das betreffende Werk liefert Energie hauptsächlich für Beleuchtungszwecke. Als Abszissen sind die 24 Stunden des Tages und als Ordinaten die Belastungen in kW aufgetragen. Falls außer Beleuchtungs- auch Motorstrom in beträchtlicher Menge abgegeben wird, vergrößert sich der Energieinhalt der Tagesdiagramme gemäß Kurve I und II der Abb. 2. Kurven der Abb. 3 zeigen die Tagesbelastungsdiagramme

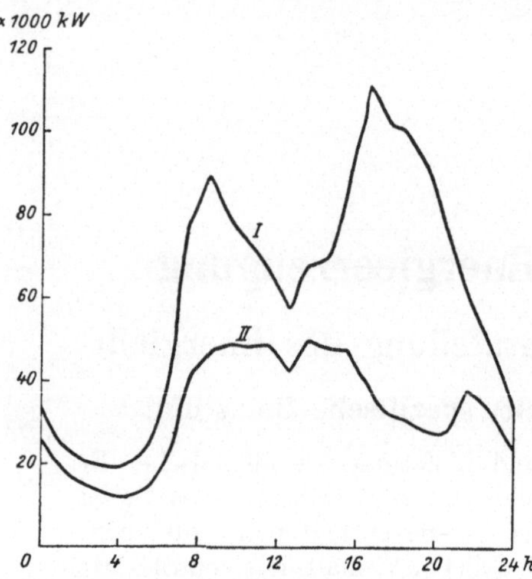

Abb. 2. Belastungsdiagramme eines Elektrizitätswerkes an einem Winter- und einem Sommertage. Spezifische Belastung = 3000 kWh kW

eines Elektrizitätswerkes, welches etwa 90% der Jahreserzeugung an motorische Verbrauche abgibt; es ist bei diesen zwei Diagrammen zu beachten, daß die Frühspitzen die Abendspitzen übersteigen.

Wie aus den Kurven der Abb. 1, 2 und 3 ersichtlich, ändert sich die Belastung eines Elektrizitätswerkes ständig, und zwar zwischen einem gewissen Höchst- und einem Mindestwert. Das Verhältnis der jährlich erzeugten kWh zu den 8760 Stunden eines Jahres ergibt die jährliche mittlere Belastung des betreffenden Elektrizitätswerkes. Es wird in den folgenden Untersuchungen zahlenmäßig festgestellt, daß unter sonst gleichen Betriebsverhältnissen die kWh umso billiger erzeugt werden kann, je gleichmäßiger der Energiefluß verlauft, somit je mehr die jährliche mittlere Belastung sich der Höchstbelastung nähert. Das Verhältnis der mittleren zur höchsten Belastung bildet somit ein Maß für die Beurteilung des betreffenden Energie flusses; diese Zahl wird in der Literatur Belastungsfaktor genannt. Wenn die in einem Jahre erzeugte Energiemenge mit W kWh und die Höchstbelastung mit N kW bezeichnet wird dann ist der Belastungsfaktor $n = \frac{W}{8760 \times N}$.

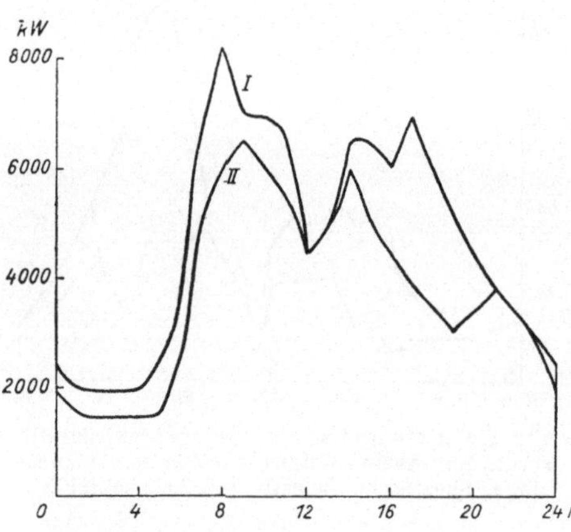

Abb. 3. Belastungsdiagramme eines Elektrizitätswerkes an einem Winter- und einem Sommertage. Spezifische Belastung = 4000 kWh/kW

Der Energiefluß wird in der Literatur oft auch mit dem Verhältnis der in einem Jahre erzeugten kWh zur Höchstbelastung in kW ausgedrückt; diese Zahl $m = \frac{W}{N}$ wird Benützungsstunde genannt, da sie die Stundenzahl angibt, während welcher die jährliche Energie mit der Höchstbelastung erzeugt werden könnte. Beide Zahlen charakterisieren gleichwohl den betreffenden Energiefluß, da $m = 8760\,n$. Wir werden in den folgenden Untersuchungen zur Bezeichnung der Qualität eines Energieflusses die Verhältniszahl m benützen; doch wird dieselbe spezifischer Inhalt, manchmal spezifische Belastung des betreffenden Energieflusses genannt. Der spezifische Inhalt oder die spezifische Belastung bezeichnet in dieser Ausdrucksweise die Energiemenge in kWh, welche mit 1 kW Höchstbelastung jährlich erzeugt, übertragen, beziehungsweise verwertet werden kann.

Es sind in der Tabelle 1 die spezifischen Belastungen einiger Elektrizitätswerke zusammengestellt; die bezüglichen Zahlen der mit Wasserkraft betriebenen Werke sind mit fetten Buchstaben gedruckt.

Tabelle 1. Spezifische Belastungen von Elektrizitätswerken

Ontario Power Co. of Niagara Falls	**7600** kWh/kW
Kraftübertragungswerke Rheinfelden	**6300** „
Steiermärkische Elektrizitäts-Gesellschaft, Graz	**5600** „
Elektrizitätswerk, Zürich	**4100** „
Märkische Elektrizitätswerke	4000 „
Commonwealth Edison Co., Chicago	3600 „
Städtisches Elektrizitätswerk, Dresden	3400 „
„ „ Wien	**3200** „
„ „ Berlin 1923	3385 „
„ „ „ 1924	2786 „
„ „ „ 1925	3045 „
„ „ „ 1926	2780 „
„ „ Hamburg	3000 „
„ „ Breslau	**2600** „
„ „ Reutlingen	1900 „
„ „ Braunsberg	1200 „

Die spezifische Belastung ausgeprägter Beleuchtungsanlagen schwankt zwischen 1500 ÷ 2500 kWh/kW, die von Großanlagen mit Beleuchtung und Industrie erhöht sich auf etwa 3000 kWh/kW; durch Zuschaltung der Straßenbahn und durch Gewährung von Vorzugstarifen für Nachtverbrauche kann die spezifische Belastung auf 4000 kWh gesteigert werden. Die spezifische Belastung von Wasserkraftanlagen, welche ihre überschüssige Energie gegen niedrige Preise verkaufen, erhöht sich bis auf 6000 und unter Umständen bis auf 7600 kWh/kW. Das Werk, dessen Belastungskurven in der Abb. 1 dargestellt sind, besitzt eine spezifische Belastung von 2000 kWh/kW, das Werk nach Abb. 2 eine von 3000 kWh/kW und das Werk nach Abb. 3 eine von 4000 kWh/kW.

Die Höchstbelastungen von Elektrizitätswerken im Winter sind größer als die im Sommer; der Übergang erfolgt von Monat zu Monat allmählich. Mit den Höchstbelastungen ändern sich auch die monatlich erzeugten, beziehungsweise verbrauchten Energiemengen. Nach den Angaben des Statistischen Reichsamtes[1] gestalten sich die monatlich

[1] Siehe auch Dehne: Dr. G., Die deutsche Elektrizitätswirtschaft im Jahre 1927. Berlin, ETZ 1928, Heft 33.

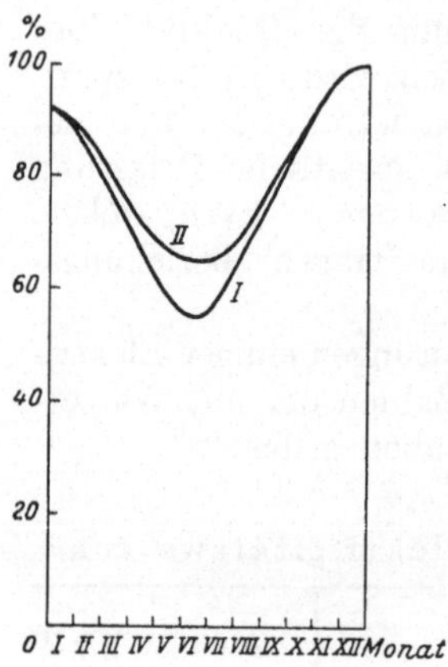

Abb. 4. Verlauf der Höchstbelastungen und der monatlichen Energiebedarfsmengen von Elektrizitätswerken

erzeugten Energiemengen von 122 Kraftwerken in Prozente der Dezember-Erzeugung und in der Reihenfolge der Monate wie folgt: 92%, 79%, 75%, 68%, 67%, 67%, 71%, 75%, 80%, 86%, 91,% 100%. Berechnet man die spezifischen Belastungen in den einzelnen Monaten, so kommt man zu dem überraschenden Ergebnis, daß die spezifischen Belastungen im Sommer größer sind, als die im Winter. Kurve II der Abb. 4 zeigt die monatlich erzeugten Energiemengen, Kurve I die Höchstbelastungen von Elektrizitätswerken in der Reihenfolge der Monate. Die Ordinaten sind in Prozente der höchsten Werte aufgetragen. Wie aus der Abb. 4 zu ersehen, ist der Dezemberverbrauch eines Elektrizitätswerkes zufolge der Herbstaquisition bedeutend größer als der des Januar desselben Jahres; ebenso gestalten sich die Höchstbelastungen im Januar bzw. im Dezember desselben Jahres. Die Monatsverbrauchskurve, sowie die Kurve der Höchstbelastungen ändert sich mit der spezifischen Belastung des Werkes nur unbedeutend, so daß dieselben sowohl bei 2000, wie bei 3000 und auch bei 4000 kWh/kW gültig sind.

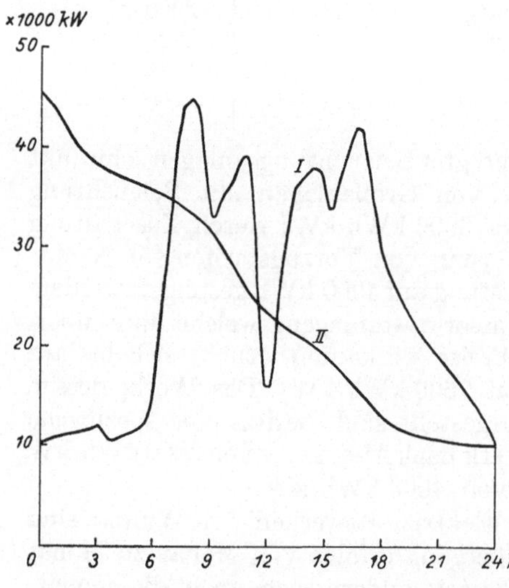

Abb. 5. Das Entstehen der Dauerkurven

B. Belastungsdauerdiagramm. Lineares Leistungsdiagramm

Das Tagesbelastungsdiagramm eines Kraftwerkes gibt ein übersichtliches Bild über die Belastungsverhältnisse während des betreffenden Tages; ein Blick auf das Jahresbelastungsgebirge, welches aus 365 Tagesdiagrammen gebildet wird,[1] beweist jedoch, daß die Übersichtlichkeit verloren geht, sobald auf Grund von Tagesdiagrammen die Belastungsverhältnisse eines Jahres untersucht werden sollten. Zur Beurteilung der Belastungsverhältnisse eines Elektrizitätswerkes während einer längeren Zeitdauer sind eher die Dauerdiagramme geeignet.

[1] Adolph, Dr. Ing., Belastungsgebirge als Hilfsmittel zur Beurteilung der Betriebsverhältnisse von Elektrizitätswerken. Berlin. ETZ 1928, Heft 1.

Kurve I der Abb. 5 zeigt das Belastungsdiagramm der Märkischen Elektrizitätswerke an einem Wintertage im Jahre 1924. Wenn die Kurve I an die Ordinatenachse geschoben wird, bis die einzelnen Abszissenlängen, als die täglichen Zeitdauer der Teilbelastungen sich überlagern, dann kommt der Linienzug II zum Vorschein. Kurve II enthält bloß die Dauer der einzelnen Belastungen während 24 Stunden; eine zeitliche Unterteilung der Belastungen, somit die einzelnen Ausschwingungen sind in dieser Dauerkurve nicht mehr enthalten.

Das Dauerdiagramm besitzt, mit Ausnahme der Belastungsschwankungen, sämtliche Daten eines Tagesbelastungsdiagrammes. Die höchste

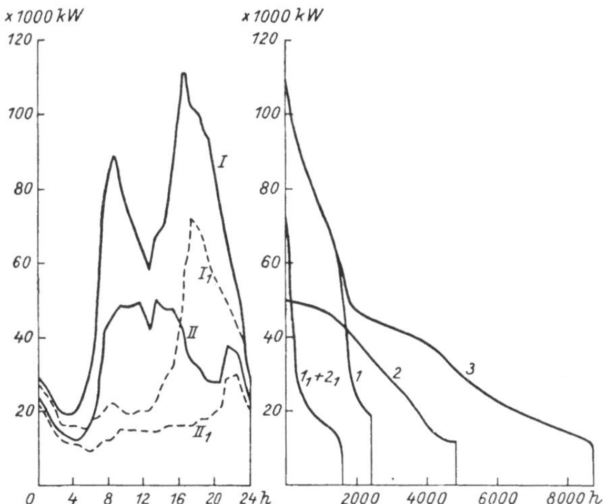

Abb. 6. Bildung der Jahresdauerdiagramme aus den Tagesdiagrammen

Ordinate bezeichnet die maximale Belastung, die von der Kurve II und von den Achsen des Koordinatensystems eingeschlossene Fläche mißt die erzeugten kWh und die Abszissenlängen der einzelnen Teilbelastungen zeigen die Dauer der bezüglichen Belastungen an dem betreffenden Tage. Die Vorteile der Dauerdiagramme — daß dieselben trotz ihrer Einfachheit und Durchsichtigkeit zu Ingenieurberechnungen besonders geeignet sind — kommen voll zum Vorschein, wenn die Monats- oder gar die Jahresdauerdiagramme gebildet werden. Es werden zu diesem Zwecke die Abszissen sämtlicher Tagesdiagramme des betreffenden Zeitraumes gegen die Ordinatenachse geschoben; auf diese Weise gelangt man an Stelle von unzähligen Zickzackkurven zu einer kontinuierlichen, durchsichtigen Kurve, zum Dauerdiagramm des betreffenden Zeitraumes. Die Wochen-, Monats- und Jahresdauerdiagramme enthalten die Belastungsverhältnisse eines jeden Tages, so daß dieselbe einen zusammengepreßten Querschnitt und deren eingeschlossene Fläche den Energieinhalt des betreffenden Zeitraumes darstellen.

Zur Bestimmung des Jahresdauerdiagrammes müssen nicht sämtliche

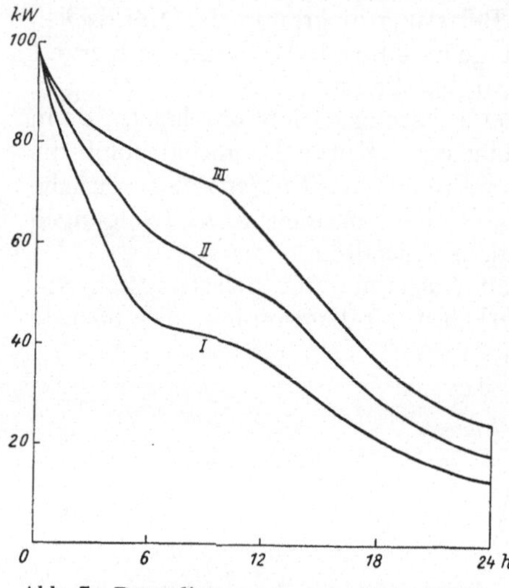

Abb. 7. Dauerdiagramme von Elektrizitätswerken an einem Wintertage bei einer spezifischen Belastung von 2000, 3000 bzw. 4000 kWh/kW

365 Tagesdiagramme eines Jahres herangezogen werden; es genügen dazu die Belastungskurven von vier charakteristischen Tagen des Jahres: die Belastungskurve eines Winter- und eines Sommerwochentages, sowie eines Winter- und eines Sommersonntages. Die Zeitdauer der Teilbelastungen der Sommerwochentagskurven werden mit 200, die der Winterwochentagskurven mit 100 und die der Winter- und Sommersonntagskurven je mit 32,5 multipliziert und die auf diese Weise errechneten Stundendauern summiert. Als Maß der Abszissen des Jahresdauerdiagrammes ergeben sich die 8760 Stunden des Jahres; die Ordinaten messen die Belastungen des Werkes in kW.

Kurven I, II, I_1 und II_1 der Abb. 6 zeigen die Belastungsdiagramme der Hamburger Elektrizitätswerke an einem Winter- und Sommerwochentage im Jahre 1927. Durch Multiplikation der Stundendauer der Teilbelastungen von II mit 100 von I mit 200, bzw. der von I_1 und II_1 je mit 32,5 ergeben sich in der Abb. 6 die Dauerkurven 1 und 2 sämtlicher Winter- bzw. Sommerwochentage, sowie 1_1 und 2_1 für sämtliche Winter- bzw. Sommersonntage in einem freigewählten Abszissenmaßstabe mit dem höchsten Werte von 7680 Stunden. Durch Summierung der zu den selben Teilbelastungen gehörenden Abszissen der Kurven entsteht das Jahresdauerdiagramm 3 des Elektrizitätswerkes. Die durch das Diagramm 3 eingeschlossene Fläche mißt die jährlich erzeugten kWh; das Verhältnis dieser Fläche zur Höchstordinate bezeichnet die spezifische Belastung des Werkes. Der Wahrheit kommt man selbstverständlich näher, wenn das Jahresdauerdiagramm aus den Wochen- und Sonntagsdiagrammen eines jeden Monates abgeleitet wird.

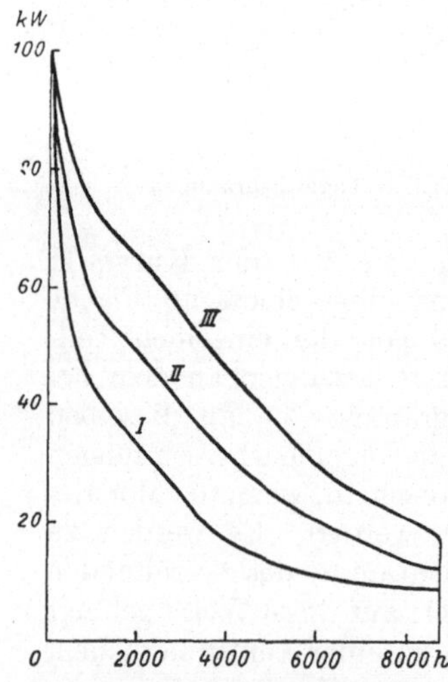

Abb. 8. Jahresdauerdiagramme von Elektrizitätswerken bei einer spezifischen Belastung von 2000, 3000 bzw. 4000 kWh/kW

Unter Dauerdiagramm wird in den folgenden Untersuchungen — falls nicht besonders hervorgehoben — das Jahresdiagramm verstanden.

In der Literatur findet man Belastungsdiagramme nur hie und da aufgezeichnet; in der Elektrotechnischen Zeitschrift wurde von Direktor Rehmer das Dauerdiagramm der Berliner Elektrizitätswerke vom Jahre 1926 angegeben.[1]) Folgende Daten sind aus dieser Kurve entnommen:

Tabelle 2. Belastungsdauer der Berliner Elektrizitätswerke im Jahre 1926

Belastung in 1000 kW =	20	40	60	80	100	120	140	160	200	295
Stundendauer h =	8760	7100	5800	5000	4000	3000	1500	900	300	30

Die Jahreserzeugung betrug 820000000 kWh, so daß das Werk mit einer spezifischen Belastung von 2780 kWh/kW gearbeitet hat.

In der Abb. 7 sind die Dauerdiagramme von drei Elektrizitätswerken an einem Winterwochentage mit gleicher Höchstbelastung, die mit 100 Einheiten bezeichnet wurde, dargestellt; die spezifischen Belastungen der bezüglichen Werke von I, II, bzw. III betragen 2000, 3000, bzw. 4000 kWh/kW. In der Abb. 8 sind die Jahresdauerdiagramme derselben Elektrizitätswerke aufgezeichnet.

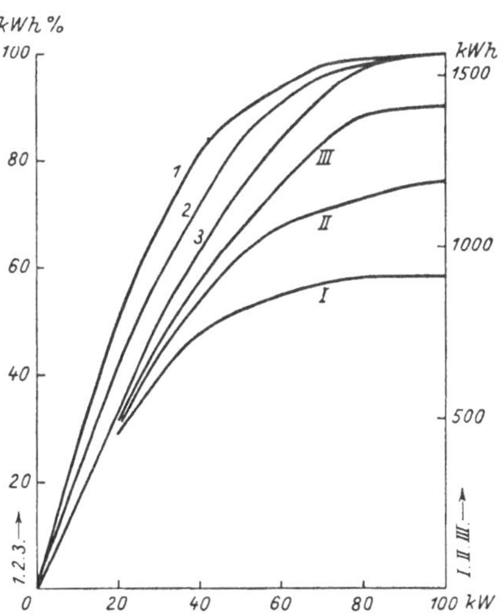

Abb. 9. Lineare Leistungsdiagramme von Elektrizitätswerken an einem Wintertage bei einer spezifischen Belastung von 2000, 3000 bzw. 4000 kWh/kW

Die Dauerdiagramme enthalten die Energieinhalte als Flächen. Um die Energiemengen in einem linearen Maßstabe ablesen zu können, müßten diese Flächen erst planimetriert werden. Es werden in den folgenden Untersuchungen auch solche lineare Leistungsdiagramme entwickelt, welche die Energiemengen bei Teilbelastungen auf Grund von vorher durchgeführten Planimetrierungen bereits in linearen Dimensionen enthalten. Zu diesem Zwecke werden die von den Dauerkurven eingeschlossenen Flächenteile den Teilbelastungen entsprechend schichtenweise planimetriert und die Energieinhalte der Teilbelastungen in einer Abbildung als Ordinaten aufgetragen, deren Abszissen durch die zugehörigen Teilbelastungen gebildet werden. Auf diese Weise wurden aus den Kurven I, II und III der Abb. 7 die Kurven der Abb. 9 und aus den Kurven I, II und III der Abb. 8 die Kurven der Abb. 10 abgeleitet.

Die Ordinaten der Kurven I, II und III der Abb. 9 zeigen die an einem

[1] ETZ. 1927, Heft 42.

Winterwochentage erzeugten Energiemengen in kWh in Abhängigkeit von den Belastungen der drei Elektrizitätswerke, deren spezifische Belastung 2000, 3000 bzw. 4000 kWh/kW beträgt. Kurven I, II bzw. III der Abb. 10 zeigen die jährlich erzeugten Energiemengen in kWh der drei Elektrizitätswerke mit einer spezifischen Belastung von 2000, 3000 bzw. 4000 kWh/kW, in Abhängigkeit von den Teilbelastungen in kW. Die Abszissen wurden auf einen Höchstwert von 100 kW reduziert.

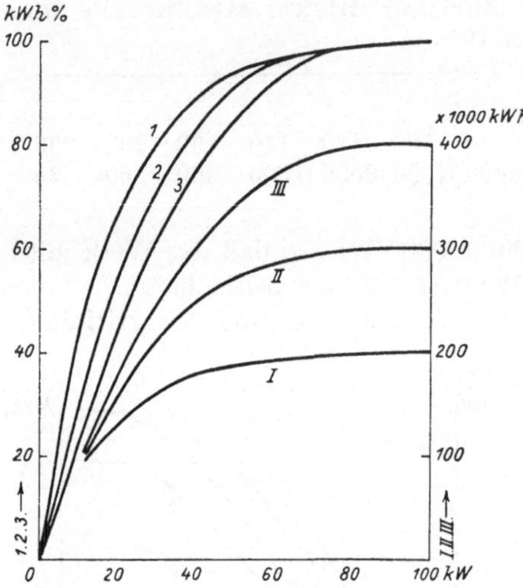

Abb. 10. Lineare Leistungsdiagramme eines Elektrizitätswerkes bei einer spezifischen Belastung von 2000, 3000 bzw. 4000 kWh/kW

Die Kurven I, II und III der Abb. 9 und 10 wurden auch in der Weise ausgewertet, daß nicht nur die Höchstbelastungen, sondern auch die jährlich erzeugten Energiemengen mit 100 bezeichnet erscheinen. Auf diese Weise können von den Diagrammen die perzentuelle Zusammengehörigkeit der Energieinhalte und der zugehörigen Belastungen abgelesen werden. Kurven 1, 2 und 3 der Abb. 9 bzw. 10 beziehen sich somit auf Elektrizitätswerke mit einer spezifischen Belastung von 2000, 3000 bzw. 4000 kWh/kW. Die lineare Leistungskurve der Berliner Elektrizitätswerke vom Jahre 1926 wurde in der Elektrotechnischen Zeitschrift[1] angegeben.

2. Kosten der kalorischen Energieerzeugung

A. Elemente der Kostenberechnung

Die Erzeugungskosten der kalorischen Energie werden teils aus den mit der erzeugten Energiemenge wachsenden Heizstoffkosten, teils aus den von den Anlagekosten abhängigen Ausgaben zusammengestellt. Der weitaus größte Anteil der kalorischen Energieerzeugung entfällt in Deutschland auf Dampfkraftwerke; es werden dementsprechend in den nachfolgenden Untersuchungen die Erzeugungskosten von Dampfkraftwerken berechnet. Die entwickelte Berechnungsweise gilt jedoch sinngemäß auch für andere kalorische Werke.

a) Heizstoffverbrauch

Die Belastung eines Elektrizitätswerkes schwankt beständig. Um die Energie wirtschaftlich und billig zu erzeugen, werden die Betriebs-

[1] ETZ. 1927, Heft 42.

maschinen der Größe und Anzahl nach den jeweiligen Belastungsverhältnissen möglichst angepaßt; dennoch arbeiten sie im Jahresdurchschnitte erheblich unter der vollen Belastung. Wollte man den Heizmaterialverbrauch der Energieerzeugung vorausberechnen, so müßten die jeweiligen Belastungen von Stunde zu Stunde und von Tag zu Tag verfolgt werden, um einen genauen Betriebsplan entwerfen zu können. Auf Grund eines Betriebsplanes können unter Berücksichtigung der Wirkungsgrade der Kessel und Maschinen bei Teilbelastungen die zu verfeuernden Heizstoffe bestimmt werden.

Ein derartiger Rechnungsvorgang wäre aber zu langwierig und für Ingenieurberechnungen wenig geeignet. Statt dessen wurde in der Praxis eine einfache Rechnungsweise entwickelt, bei welcher unter Ausscheidung der unzähligen Belastungsschwankungen die Heizstoffverbrauche aus der Höchstbelastung, aus den erzeugten kWh und aus den Betriebsstunden der Teilbelastungen genau berechnet werden können. Zur Ermittelung des Heizstoffverbrauches genügt somit ein Belastungsdauerdiagramm, da dasselbe alle diese Daten enthält.

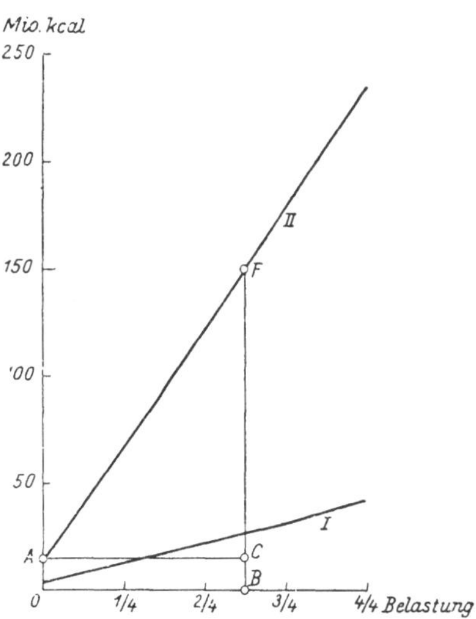

Abb. 11. Wärmeverbrauch von Dampfturbinen bei Teilbelastungen

Diese Rechnungsweise ist auf die Versuchsergebnisse aufgebaut, daß der Dampf- und Heizstoffverbrauch eines Turbinensatzes, oder der Ölverbrauch eines Rohölmotors mit den erzeugten kWh linear anwächst, somit durch einen linearen Ausdruck bezeichnet werden kann. Kurve I der Abb. 11 zeigt die Dampfverbrauchsziffer in Mio kcal/h einer in Bielefeld aufgestellten dreigehausigen Dampfturbine samt Generator von 10000 kW, bei $^4/_4$, $^3/_4$, $^2/_4$ und $^1/_4$ Belastungen.[1] Die Turbine arbeitet bei 12,5 Atm. und 323° C. In der Kurve II derselben Abbildung sind die Dampfverbrauchsziffern ebenfalls in Mio kcal/h einer 80000 kW Dampfturbine samt Generator des Klingenberg-Kraftwerkes in Berlin-Rummelsburg[2] dargestellt. Es ist aus beiden Kurven ersichtlich, daß der Dampfverbrauch der Turbinensätze sich mit der Belastung beinahe linear ändert, so daß die Verbrauchsziffer bei jeder Teilbelastung mit Hilfe eines linearen Ausdruckes bestimmt werden kann. Schneidet die Gerade II der Ordinatenachse den Wert $\overline{OA}$ ab, dann ist die Gleichung der Ver-

[1] Josse E., Prof., Untersuchungen an neuzeitlichen mehrgehausigen Dampfturbinen. V. D. I. 1927, Heft 13.

[2] Wellmann W. E., Dr. Ing., Abnahmeversuche an einer 80000 kW-Turbodynamo. V. D. I. 1928, Bd. 72, Nr. 31.

brauchslinie $\overline{BF} = \overline{OA} + a \times N$, wo $\overline{BF}$ den stündlichen Dampfverbrauch bei einer Teilbelastung von $\overline{OB} = N$ kW und a eine Konstante bedeutet. $\overline{OA}$ ist der konstante, stündliche Leerverlust des Satzes und $a \times N = \overline{CF}$ der stündliche Wirkverbrauch, somit jener Teil des Gesamtverbrauches, welcher sich mit der Belastung N proportional ändert. Die Konstanten $\overline{OA}$ und a werden durch bei Vollast und bei Leerlauf ausgeführte Versuchen festgestellt.

Die Verbrauchsziffern von Dampfturbinen älterer Bauart sind bei einem Dampfdruck von 12 ÷ 16 Atm. und bei einer Temperatur von 300° C bei Vollast in der Tabelle 3 enthalten.

Tabelle 3. Vollast-Dampfverbrauch von Dampfturbinen älterer Bauart

Größe der Turbine kW . .	500	1000	2000	4000	7500	15 000	25 000
Dampfverbrauch kg/kWh .	7,8	6,8	6,5	6,1	5,8	5,4	5,3

Diese Verbrauchszahlen wurden aus den früheren Jahrgängen der Hütte entnommen.

Bezüglich der Dampfverbrauchsziffern moderner mehrgehausiger Dampfturbinen bei Vollast liegen verläßliche Versuchsergebnisse vor. Es seien folgende erwähnt.

V. D. J. 1926, H. 15. Die 50000 kW mehrgehausige Turbine der Commonwealth Edison Co. in Chicago verbraucht bei 38,6 Atm. und 400° C 3,8 kg Dampf/kWh.

E. T. Z. 1927, H. 25. Die 160000 kW mehrgehausige Turbine des Hell-Gate Kraftwerkes in New York verbraucht bei 20 Atm. und 322° C 4,46 kg Dampf/kWh.

V. D. J. 1927, H. 11. Die 16000 kW mehrgehausige Turbine in Utrecht verbraucht bei 33 Atm. und 396° C 4 kg Dampf/kWh.

V. D. J. 1927, H. 13. Die 10000 kW dreigehausige Turbine in Bielefeld verbraucht bei 12,5 Atm. und 323° C 5,25 kg Dampf/kWh.

Schweizerische Bauzeitung, 1928, 14. April, Bd. 91. Eine 12000 kW eingehausige Turbine verbraucht bei 20 Atm. und 380° C 4,38 kg Dampf/kWh.

V. D. J. 1928, Bd. 72, Nr. 31. Die 80000 kW Turbine des Klingenberg-Kraftwerkes in Rummelsburg verbraucht bei 32,5 Atm. und 400° C 3,85 kg Dampf/kWh.

Auf Grund dieser Versuchsdaten kann für den Dampfverbrauch von mehrgehausigen Dampfturbinensätzen bei Vollast, bei einem Dampfdruck von 32 ÷ 35 Atm. und einer Temperatur von 380° C ÷ 400° C folgende Tabelle 4 entwickelt werden.

Diese Zahlen sind etwa 80 ÷ 75% der Verbrauchszahlen von Dampfturbinen älterer Bauweise.

Die Leerverbrauchswerte der in der Abb. 11 dargestellten Turbosätze betragen gemäß Linie I 7% und gemäß Linie II bloß etwa 6% des Vollastverbrauches.

Tabelle 4. Vollast-Dampfverbrauch von hochthermischen, mehrgehäusigen Turbosätzen

Größe der Turbine kW	1000	2000	4000	7500	15 000	25 000	50 000	80 000
Dampfverbrauch kg/kWh	5,35	5,00	4,55	4,40	4,15	4,00	3,90	3,85

Der dreigehausige, 10000 kW Turbinensatz in Bielefeld verbraucht bei Vollast gemäß obigen Angaben 5,25 × 10000 = 52500 kg Dampf je Stunde. Daraus entfallen auf den Leerlauf 0,07 × 52500 = 3675 kg/h. Der rückständige Dampfverbrauch von 52500 — 3675 = 48825 kg/h bildet den Wirkverbrauch der Turbine zur Erzeugung von 10000 kWh; demgemäß beträgt der Wirkverbrauch 48825 : 10000 = 4,88 kg/kWh. Lauft die Turbine jährlich 8760 Stunden lang und erzeugt sie während dieser Zeit 30 Mio kWh, dann verzehrt sie für Leerlauf 8760 × 3675 = 32,5 Mio und für Wirkleistung 30000000 × 4,88 = 164,4 Mio kg, zusammen 178,9 Mio kg Dampf im Jahre. Im Jahresdurchschnitte beträgt demnach der Verbrauch rund 6 kg Dampf/kWh gegenüber dem Vollverbrauch von 5,25 kg/kWh.

Aus dem Dampfverbrauche kann unter Berücksichtigung der Kesselwirkungsgrade der Heizstoffverbrauch des Maschinensatzes bestimmt werden. Der Wirkungsgrad von Kesseln bei Vollast hängt hauptsächlich von der Art der Feuerung und der zu verbrennenden Kohle, von der Größe des Kessels und von der Temperatur des Speisewassers ab. Der Wirkungsgrad von kleineren Kesseln mit Handfeuerung und ohne Vorwärmung des Speisewassers sinkt unter 50%, der von größeren Kesseln mit beweglichen Rostfeuerungen und Speisewasservorwärmung erhöht sich bis auf etwa 78%, während bei Kesseln mit Kohlenstaubfeuerung, Lufterhitzer und regenerativer Speisewasservorwärmung Wirkungsgrade bis etwa 88% erreicht werden. Bei einem Borsig-Schmidt—Steilrohrkessel für 60 Atm. und 425° C wurde bei einer Belastung von 35 kg/m² ein Wirkungsgrad von 83% festgestellt,[1] während bei den Steilrohrkesseln von 1800 m² Heizfläche und Kohlenstaubfeuerung des Klingenberg-Werkes ein Wirkungsgrad von 88% erreicht wurde. Unter der Annahme, daß, während die Größe der Dampfturbinen nach Tabelle 3 und 4 von 500 kW auf 80000 kW ansteigt, der Kesselwirkungsgrad von 66% auf 84% wächst, wurden aus den vorangeführten Angaben die Heizstoffverbrauche von Dampfturbinensätzen älterer und neuester Bauweise berechnet. Die Ergebnisse wurden in die Abb. 12 übertragen. Kurve I dieser Abbildung bezeichnet den Heizstoffverbrauch/kWh bei Vollast von eingehausigen Turbosätzen, welche mit Dampf von 12 ÷ 16 Atm. und 300° C gespeist werden; Kurve II zeigt den Heizstoffverbrauch/kWh bei Vollast von

[1] Josse E. Prof., Untersuchungen an der 60 at. Dampfkraftanlage von A. Borsig. V. D. J. 1926, Bd. 70, Heft 21.

mehrgehausigen Dampfturbosätzen bei einer Dampfspannung von 32 ÷ 35 Atm., einer Dampftemperatur von 380 ÷ 400° C und einer Speisewassertemperatur von 140 ÷ 160° C. Bei den größten Leistungen sind die Kessel mit Kohlenstaubfeuerungen, sonst mit beweglichen Rosten ausgerüstet gedacht.

Gemäß den Kurven I und II der Abb. 12 gestalten sich bei Vollast die thermischen Wirkungsgrade von Turbosätzen verschiedener Größe nach Tabelle 5. Die oberen Zahlen der Tabelle 5 beziehen sich auf Anlagen älterer, die unteren Zahlen auf Anlagen neuester Bauweise.

Tabelle 5. Thermischer Wirkungsgrad von Turbosätzen samt Kessel

Größe des Turbosatzes kW		1000	10 000	100 000
Thermischer Wirkungsgrad	ältere Bauweise	11,5%	16%	19%
	neueste Bauweise	13,5%	21,5%	24,5%

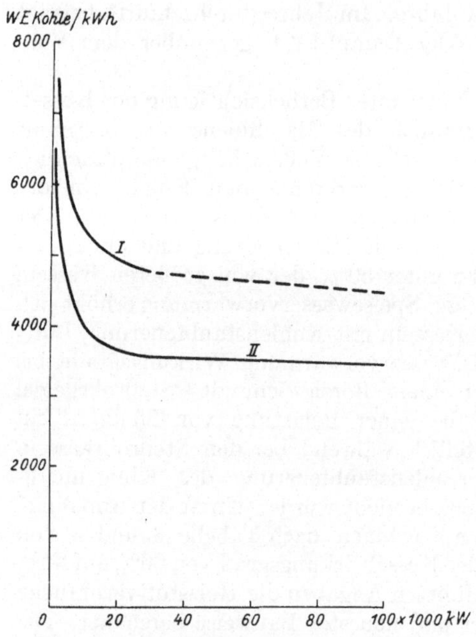

Abb. 12. Wärmeverbrauch von Dampfturbosätzen samt Kesseln älterer und neuester Bauart

Gemäß den Kurven I und II der Abb. 12 verbrauchen die modernsten hochthermischen Kraftwerke für die Erzeugung einer kWh um rund 25% weniger Heizstoffe, als Werke älterer Bauweise. Die Ersparnisse an Heizstoffen stammen größtenteils von dem höheren Dampfdrucke und zum Teil von der höheren Temperatur des Dampfes, sowie von der regenerativen Vorwärmung des Speisewassers. Bezüglich des Einflusses dieser Faktoren seien hier folgende Daten erwähnt.[1] Zwischen dem Heizstoffverbrauch des Calumet-Kraftwerkes, welches bei 20 Atm. und 330° C arbeitet und zwischen dem des modernen Crawford-Avenue-Kraftwerkes, welches bereits auf 39 Atm. und 380° C gebaut wurde, besteht ein rund 10%iger Unterschied; von diesem Ersparnisse entfallen 5% auf die Erhöhung der Dampfspannung von 20 auf 39 Atm.,

[1] The Engineer 1927, Juni.

2% auf die Temperaturzunahme von 330° auf 380° C und schließlich 2,5% auf die regenerative Erwärmung des Speisewassers.

Dampfturbinen werden im allgemeinen aus mehreren Kesseln gespeist; erhält zum Beispiel eine Dampfturbine vier Kessel, dann können die Kessel mit der Belastung zu- bzw. abgeschaltet werden, so daß sie auch bei Teilbelastungen der Turbine in der Nähe der Vollast arbeiten. Die täglich rückkehrenden periodischen Belastungsverhältnisse von Elektrizitätswerken gestalten sich aber derart, daß die Kessel im Jahresdurchschnitte weit unter der Vollast arbeiten. Gemäß Kurve I und II der Abb. 6 erzeugen die Hamburgischen Elektriziätswerke mit 1 kW Höchstbelastung im Winter etwa 12 kWh und im Sommer etwa 15 kWh täglich, so daß die mittlere Tagesbelastung im Winter 50% und im Sommer 63% beträgt. Werden daher sämtliche zur Deckung der Höchstbelastung dienenden Kessel während der vollen 24 Stunden eines Tages im Betriebe gehalten, dann arbeiten sie an Wintertagen mit einer 50%igen, an Sommertagen mit einer 63%igen Belastung. Werden aber mit der Abnahme der Belastung die Kessel nach und nach stillgestellt, dann verbrauchen sie zur Erhaltung, bzw. Herstellung des stabilen Temperaturzustandes dieselbe Kohlenmenge, als wenn sie den ganzen Tag hindurch parallel laufen würden.

Bezüglich den Verlusten der Kessel bei Teilbelastungen liegen bloß spärliche Angaben vor. Man kann aber auf Grund dieser Versuche — ohne einen größeren Fehler zu begehen — annehmen, daß die Kesselverluste zwischen Leerlauf und Vollast des Kessels linear anwachsen, so daß sie aus den Verlusten bei Vollast und bei Leerlauf ebenso bestimmt werden können, wie die Dampfverbrauchsziffern der Turbinen bei Teilbelastungen. Bei Vollast stellen sich die Kesselverluste aus den durch Abkühlung, Ruß, Flugasche, Schlacke und Abgase entstehenden zusammen; bei Stillstand des Kessels sind bloß Abkühlungsverluste vorhanden. Während die Vollastverluste den Wirkungsgraden von 66 ÷ 84% entsprechend 34 ÷ 16% des Heizstoffverbrauches bei Vollast beanspruchen, erniedrigen sich die Kesselverluste bei Stillstand laut eingehenden Versuchen von Pretorius[1] auf 9 ÷ 7% des Vollastverbrauches.

Außer den Kesselverlusten sind an einem Kraftwerke für verschiedene Zwecke Heizstoffe zu verfeuern. Es seien nur erwähnt: Wasserbeschaffung, Wasserreinigung, Hochpumpen des Wassers in die Kühltürme, Kohlenbeförderung und Verarbeitung, künstlicher Saugzug, Schlackenbeförderung, Werkstätte, Beleuchtung. Diese Arbeitsprozesse nehmen unter Umständen bedeutende Energiemengen in Anspruch. Es sollen hiefür bei Leerlauf des Kraftwerkes rund 2% des Vollast Heizstoffverbrauches gerechnet werden.

Gemäß den vorangeführten Erörterungen stellen sich die Leerlaufverluste eines Turbosatzes — als eines Teiles eines Elektrizitätswerkes — wie folgt zusammen:

Dampfturbine samt Generator 5 ÷ 7%, Kessel 7 ÷ 9%, Nebenbetriebe 2%, zusammen 14 ÷ 18% des Heizstoffverbrauches bei Vollast.

[1] Archiv für Wärmewirtschaft. 1925, Heft 2, sowie 1926, Heft 1.

Die Verteilung der Konstanten und der variablen Teile des Heizstoffverbrauches nach verschiedenen Prozentsätzen ruft eine wesentliche Abweichung in dem Wärme- bzw. Heizstoffverbrauch des Turbosatzes erst bei der Erzeugung von Energien mit niedriger spezifischer Belastung hervor. Ein 10000 kW Turbosatz verbraucht gemäß Kurve II der Abb. 12 bei Vollast 4000 kcal/kWh. Falls die Leerverluste 14% des Vollastverbrauches betragen, ergibt sich für den Turbosatz ein Leerverlust von (4000 × 10000) × 0,14 = 5,6 Mio kcal/h und ein Wirkverbrauch von 4000 × 0,86 = 3440 kcal/kWh; falls jedoch die Leerverluste in 18% des Vollverbrauches angenommen werden, dann betragen die Leerverluste (4000 × 10000) 0,18 = 7,2 Mio kcal/h und der Wirkverbrauch 4000 × 0,82 = 3280 kcal/kWh. Lauft der Turbinensatz jährlich 8760 Stunden und erzeugt gemäß einer spezifischen Belastung von 6000 kWh/kW jährlich 6000 × 10000 = 60 Mio kWh, dann sind die Leerverluste im ersten Falle 8760 × 7,2 Mio = 63000 Mio und der Wirkstoffverbrauch 60 Mio × 3280 = 197000 Mio, zusammen 255000 Mio und im zweiten Falle 258000 Mio kcal. Bei hohen spezifischen Belastungen werden daher die jährlichen Heizstoffverbrauche von der perzentuellen Verteilung der Leer- und Wirkheizstoffverbrauche wenig beeinflußt. Wenn jedoch dieselbe Rechnung bei einer spezifischen Belastung von bloß 1000 kWh/kW durchgeführt wird, dann ergibt sich im Falle von 14% Leerverlusten ein jährlicher Heizstoffverbrauch von 84000 Mio und im Falle von 18% Leerverlusten bereits 96000 Mio kcal, somit ein rund 13%iger Unterschied. Glücklicherweise spielen aber — wie wir später zeigen werden — bei Kraftwerken, die spezifisch niedrig belastet laufen, die Brennstoffausgaben in den jährlichen Gesamterzeugungskosten keine wesentliche Rolle.

Wir werden in den folgenden Untersuchungen annehmen, daß der stündliche Heizstoff- bzw. Wärmeverbrauch eines Dampfturbosatzes von Leerlauf bis Vollast linear anwächst und der von der Abszissenachse bei Leerlauf abgeschnittene Leerverbrauch des Turbosatzes 16% des Vollastverbrauches betrage; aus diesen 16% sollen 8% auf die Turbine samt Generator und 8% auf die Kesseleinrichtung entfallen; als Wirkverbrauche, die sich mit der Änderung der erzeugten kWh proportional ändern, verbleiben somit 84% des Vollastverbrauches.

Es sollen unter Berücksichtigung der Abb. 12 die jährlichen Heizstoffverbrauche eines Dampfkraftwerkes berechnet werden, welches mit einer spezifischen Belastung von 3000 kWh/kW und einer Höchstbelastung von 10000 kW jährlich 30000000 kWh zu erzeugen hat; im Werke sollen wahlweise 2 Stück je 10000 kW bzw. 3 Stück je 5000 kW Turbinen und Kessel zur Aufstellung gelangen. Die 10000 kW-Einheit verbraucht gemäß Kurve II der Abb. 12 zur Erzeugung von 1 kWh bei Vollast 4000 kcal. Kohle. Nehmen wir an, daß 10000 kcal Kohle ab Kraftwerk 3 Pf. kostet; mit diesem Kohlenpreise ergeben sich die Kohlenkosten der bei Vollast erzeugten kWh in 3 × 4000 : 10000 = 1,2 Pf. Der Heizstoffverbrauch des Agregates für eine Stunde Leerlauf beträgt 0,16 × 1,2 × 10000 : 100 = 19,2 RM; der Wirkverbrauch an Kohle zur

Erzeugung von 1 kWh belauft sich auf 0,84 × 1,2 = 1,0 Pf. Da eine Einheit jährlich während 8760 Stunden im Betriebe gehalten wird, so betragen die Heizstoffkosten für Leerlauf jährlich 19,2 × 8760 = 170000 RM, und die Wirkheizstoffkosten zur Erzeugung von 30 Mio kWh 1,0 × 30000000 : 100 = 300000 RM, zusammen 470000 RM. Die Heizstoffkosten der erzeugten kWh erhöhen sich somit im Jahresdurchschnitte auf 47000000 : 30000000 = 1,57 Pf. gegenüber der 1,2 Pf. Volllastkosten.

Die 5000 kW Einheit erzeugt die kWh bei Vollast gemäß Kurve II der Abb. 12 mit einem Kohlenverbrauche von 4600 kcal; demzufolge betragen die Heizstoffausgaben bei Vollast 4600 × 3 : 10000 = 1,38 Pf/kWh. Die Leerlaufskosten der Einheit pro Stunde sind 0,16 × 5000 × 1,38 : 100 = 11,2 RM; hieraus entfallen 5,6 RM auf die Turbine samt Generator und 5,6 RM auf die Kessel. Die Wirkheizstoffkosten der kWh betragen 0,84 × 1,38 = 1,16 Pf. Da die Höchstbelastung von zwei Maschineneinheiten erzeugt wird, so lauft gemäß Kurve II der Abb. 8 die eine Einheit jährlich 8760 Stunden lang und eine zweite Einheit noch jährlich 1900, beide zusammen 10660 Stunden lang; wenn man berücksichtigt, daß die zweite Einheit, welche jährlich etwa in den 150 Wintertagen lauft, an einem jeden Tage früher angelassen und später abgestellt werden muß, als es die Belastung wünscht, so erhöht sich die Betriebszeit der Turbinen auf rund 11000 Stunden im Jahre. Von den Kesseln werden gemäß Kurve II der Abb. 2 etwa 50% der Höchstbelastung, somit 5000 kW jährlich 8760 Stunden lang im Betriebe bleiben; weitere 2500 kW Kessel muß etwa während 150 Tagen und der rückständige Kessel von 2500 kW während 90 Wintertagen geheizt werden. Die Kosten der Leerheizstoffe sind somit folgende: Turbinen 11000 × 5,6 = 61600 RM, Kessel 8760 × 5,6 + 150 × 24 × 2,8 + 90 × 24 × 2,8 = 65400 RM, zusammen 127000 RM. Die jährlichen Wirkstoffkosten zur Erzeugung von 30 Mio kWh erhöhen sich auf 30000000 × 1,16 : 100 = 348000 RM, so daß die jährlichen Gesamtausgaben für Heizstoff 127000 + 348000 = 475000 RM betragen. Die Heizstoffkosten im Jahresdurchschnitte sind somit 47500000 : 30000000 = 1,58 Pf.

Aus dieser Vergleichsrechnung kann festgestellt werden, daß die jährlichen Heizstoffkosten eines Werkes dieselben sind, unabhängig davon, ob die höchste Belastung von einem einzigen, oder aber von zwei Turbosätzen erzeugt wird. Mit Rücksicht auf diese Feststellung werden wir in den folgenden Untersuchungen annehmen, daß die Höchstbelastung mit einer einzigen Turbine und mit einem zugehörigen Kessel erzeugt wird; die Heizstoffverbrauche des Maschinensatzes samt Kessel werden aus Kurven I bzw. II der Abb. 12 der Höchstbelastung entsprechend entnommen. Diese Annahme ist hauptsächlich deswegen notwendig, weil dadurch die Berechnung der Erzeugungskosten von hydraulischen Werken wesentlich vereinfacht wird.

Auf dieser Grundlage wurden die jährlichen durchschnittlichen Heizstoff- bzw. Wärmeverbrauche von Elektrizitätswerken verschiedener höchsten und spezifischen Belastungen berechnet und die Ergebnisse in der Tabelle 6 zusammengestellt. Die oberen Zahlen beziehen sich auf Kraftwerke älterer, die unteren Zahlen auf Kraftwerke neuester Bauweise.

Tabelle 6. Jahres-Durchschnitts-Wärmeverbrauch von Kraftwerken

Höchste Belastung kW =		1000	10 000	100 000
Spezifische Belastung des Kraftwerkes kWh/kW	2 000	11 500 9 500	8 200 6 200	7 000 5 300
	3 000	9 800 8 100	7 300 5 300	5 850 4 600
	4 000	8 800 7 400	6 400 4 800	5 400 4 200
	6 000	8 100 6 600	5 750 4 350	4 800 3 900

Der jährliche Wärmeverbrauch deutscher städtischer Elektrizitätswerke mit einer Höchstbelastung von etwa 20000 kW und einer spezifischen Belastung von 2500 ÷ 3000 kWh/kW war vor dem Kriege 6000 ÷ 7000 kcal/kWh. Der jährliche durchschnittliche Wärmeverbrauch von modernen hochthermischen Großkraftwerken ist nach einer Angabe von Mayer und Noak[1] folgende:

Bestes englisches Kraftwerk im Jahre 1925 .... 5200 kcal/kWh
Amerikanische Großkraftwerke .... 4550 ,,
Kraftwerk Gennevilliers, Paris .... 5600 ,,
Philo Station, Ohio Power Co. .... 3450 ,,

Nach den Mitteilungen von R. Tröger[2] beträgt der jährliche, durchschnittliche Wärmeverbrauch des Klingenberg-Kraftwerkes bei einer spezifischen Belastung von 3500 bzw. 4400 kWh/kW 4070 bzw. 3900 kcal/kWh. Sobald man die Höchstbelastung und die spezifische Belastung dieser Kraftwerke berücksichtigt, stimmen diese Zahlen im großen und ganzen mit den in der Tabelle 6 errechneten Werten zusammen.

Zur Deckung der Kosten der Schmier-, Putz- und Dichtungsstoffe werden in den folgenden Berechnungen 5% der Heizstoffausgaben verrechnet.

b) Mit den Anlagekosten zusammenhängende feste Ausgaben

α. *Anlagekosten*

Die Anlagekosten von kalorischen Kraftwerken haben sich vor dem Weltkriege im Laufe einer langjährigen ruhigen Entwicklung ausgebildet.

[1] Berichterstattung der Weltkraftkonferenz, Sondertagung, Basel 1926.

[2] Tröger R., Wirtschaftlichkeit des Großkraftwerkes Klingenberg. V. D. J. 1927.

Die Grundpfeiler dieser Preisentwicklung bildeten die Zins- und Arbeitsverhältnisse, die sich nach dem Kriege wesentlich verschoben haben, so daß eine feste Preislage sich noch heute nicht ergeben hat. Nach einer Aufstellung von Klingenberg[1] betrugen die Anlagekosten von Dampfkraftwerken vor dem Kriege bei einer Leistungsfähigkeit von 10 ÷ 30000 kW etwa 200 M/kW und bei einem Ausbau auf 50 ÷ 80000 kW etwa 150 ÷ 140 M. Diese Zahlen werden von verschiedener Seite aus[2] als niedrig bezeichnet. Kurven I und 1 der Abb. 13 zeigen die Anlagekosten von Dampfkraftwerken die in den Vereinigten Staaten von Amerika vor dem Weltkriege obwalteten: Kurve I repräsentiert die Gesamtkosten, Kurve 1 die Kosten der ausgebauten kW von Dampfkraftwerken. Diese Kosten sind aus dem vorzüglichen Buche von Rushmore und Lof[3] entnommen; sie liegen besonders bei größeren Werken um einige Prozente höher, als die Angaben von Klingenberg. Um die Preisangaben dieser Kurven den bestehenden Preisverhältnissen anzupassen, sollten sie mit einem Teuerungsfaktor von etwa 1,5 multipliziert werden.

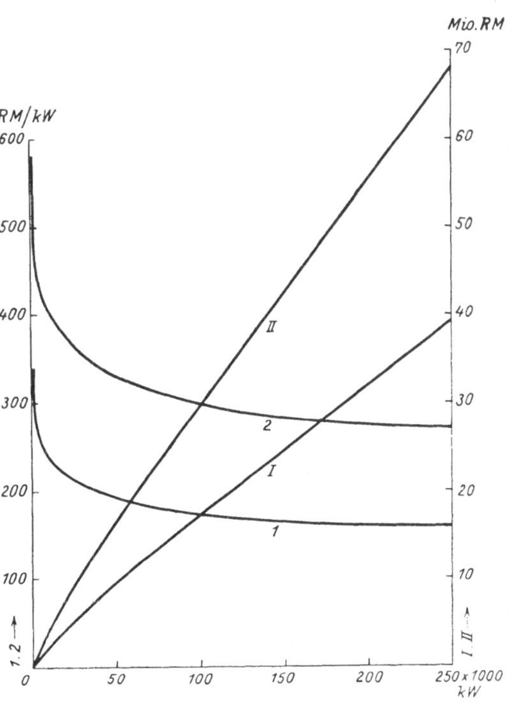

Abb. 13. Anlagekosten von Dampfkraftwerken älterer und neuester Bauweise

Bezüglich den Anlagekosten von modernen hochthermischen Kraftwerken weichen die in der Literatur vorfindlichen Angaben voneinander wesentlich ab. Meyer und Noak aus Baden, Schweiz, haben an der Weltkraftkonferenz in Basel für Dampfkraftwerke folgende Anlagekosten angegeben:[4]

---

[1] Klingenberg, Prof. Dr. G., Bau großer Elektrizitätswerke. Berlin, Julius Springer, 1913.

[2] E. T. Z. 1927, Heft 41.

[3] Rushmore D. B. and E. A. Lof, Hydro-Electric Power Stations. New York, J. Wiley & Sons, 1917.

[4] Meyer A. und Noack W. G., Wirtschaftliche Beziehungen zwischen hydraulisch erzeugter und thermisch erzeugter Energie. Berichterstattung der Weltkraftkonferenz, Sondertagung, Basel, 1926.

12000 kW billige Anlage mit Einzylinder-Dampfturbinen, 16 Atm., 350° C 204 RM/kW
100000 kW hochwertige Anlage mit dreigehausigen Turbinen, 33 Atm., 400° C 225 RM/kW
100000 kW hochwertige Anlage mit Kohlenstaubfeuerung, 33 Atm., 400° C 235 RM/kW
100000 kW hochwertige Anlage mit Kohlenstaubfeuerung, 60 Atm., 420° C 250 RM/kW

Demgegenüber hat das Klingenberg-Werk in Rummelsburg mit seinem 270000 kW Ausbau im Jahre 1925 270 RM/kW gekostet. Allerdings ist in diesem Betrage auch die Schalteinrichtung des Umspannwerkes inbegriffen. Die Abweichungen in den Anlagekostenangaben sind nur zum Teil dem Spiele der Verkaufspreislage zuzuschreiben; sie stammen größtenteils von der Verschiedenheit der Anordnung, Ausführung und Bauverhältnisse her. Bei der Feststellung der Anlagekosten spielen die Ausführungsarten der einzelnen Einrichtungen und Arbeiten, wie Wasserversorgung, Kohlenaufbereitung, Schlackentransport, Industriegeleise, Grundstückpreis, Fundierungen, Bau von Wohn- und Bureauhäusern, Schalteinrichtung, Ausbau der Kesselanlage, Bauzinsen einen wesentlichen Einfluß. Je nachdem einer oder anderer dieser Posten fehlt oder größere Ausgaben verursacht, ändern sich die Anlagekosten entsprechend. Teils nach gebührender Erwägung der in der Literatur vorfindlichen Angaben, teils auf Grund der Kostenkurven I und 1 der Abb. 13 wurden die Kurven II und 2 derselben Abbildung entwickelt. Kurve II zeigt die Gesamtanlagekosten von modernen hochthermischen Anlagen bei einem Dampfdruck von $33 \div 35$ Atm. und einer Temperatur von $380 \div 400^0$ C; die größten Werke sind mit Kohlenstaubfeuerung, die übrigen mit beweglichen Rosten ausgeführt gedacht; Kurve 2 repräsentiert die Anlagekosten des kW-Ausbaues derselben Dampfkraftwerke. Die Kosten nach Kurve II und 2 sind etwa 1,7 mal so groß, wie die bezüglichen Kosten von Werken älterer Bauweisen nach Kurven I und 1. In den folgenden Untersuchungen werden bei der Bestimmung der Anlagekosten von Dampfkraftwerken älterer Bauart die Kurve I und 1 mit einem Teuerungsfaktor von 1,5 benützt; die Anlagekosten von modernen hochthermischen Dampfkraftwerken werden aus den Kurven II und 2 entnommen.

Mit Rücksicht auf die Betriebssicherheit müssen kalorische Kraftwerke höher ausgebaut werden, als es der Höchstbelastung entspricht. Bei der Bestimmung der Reserve muß man sowohl mit der betriebsmäßigen Erhaltung der Maschinen und Kessel, wie auch mit einer außergewöhnlichen Betriebsstörung rechnen. Diesen Anforderungen scheint durch die Aufstellung von 6 Maschinensätzen Genüge getan zu sein, wovon bei der Höchstbelastung des Werkes 4 Maschinensätze im Betriebe und 2 Sätze in der Reserve stehen. Dementsprechend werden in den folgenden Untersuchungen die Anlagekosten von Dampfkraftwerken unter Zurechnung einer 50%igen Reserve bestimmt.

β. *Verzinsung, Amortisation, Erneuerung, Erhaltung*

Für die Verzinsung und Amortisation, kurz Annuität genannt, werden in den folgenden Untersuchungen 8% der Anlagekosten in Rechnung gestellt. Für die Erneuerung des Werkes wären bei einem 7%igen Zinsfuß auf Grund einer 20 bzw. 40jährigen Lebensdauer des maschinellen, bzw. des baulichen Teiles bloß 2÷2,5% der Anlagekosten jährlich rückzustellen; die Erfahrung lehrt jedoch, daß zufolge einer raschen Entwicklung des Stromlieferungsgeschäftes, öfters auch infolge einer Verschmelzung von Unternehmungen oder infolge der Verbesserung des thermischen Wirkungsgrades von Dampfanlagen nicht nur Maschinen, sondern auch vollständig arbeitsfähige Werke oft schon nach 10 Jahren abgestellt werden müssen. Es ist somit zur Kräftigung des Unternehmens wünschenswert, für die Erneuerung höhere Rücklagen vorzunehmen. Die Reparaturkosten des Werkes hängen von vielen Umständen ab; in den ersten Betriebsjahren fallen die Reparaturkosten gewöhnlich niedrig aus; sie wachsen aber mit dem Altern des Werkes. Es ist somit empfehlenswert, für die Reparatur einen eigenen Fonds zu schaffen, der bei vorzeitigem Unbrauchbarwerden des Werkes oder von Maschinen und Einrichtungen zum Erneuerungsfonds geschlagen werden kann. Zur Bildung eines Erneuerungs- und Reparaturfonds werden wir unter normalen Betriebsverhältnissen jährlich 6% der Anlagekosten in Rechnung stellen. Aus dieser Summe werden 3% bedingungslos für die Erneuerung reserviert; aus den verbleibenden 3% werden erst die Kosten der Reparaturen gedeckt. In Sonderfällen, wo die Maschinen nicht ständig arbeiten, werden diese letzteren 3% entsprechend vermindert.

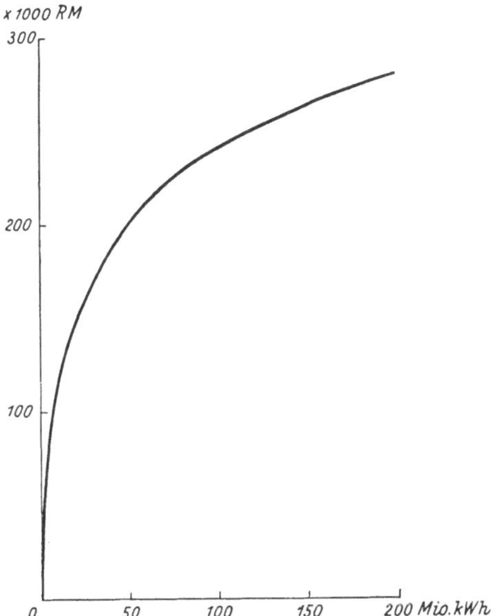

Abb. 14. Personalausgaben von Dampfkraftwerken in Abhängigkeit von der Jahreserzeugung

c) Personal- und Verwaltungsspesen

Die Personalausgaben in einem kalorischen Kraftwerke ändern sich je nach den obwaltenden Verhältnissen zwischen weiten Grenzen; sie stehen unter anderem mit der Beschaffenheit des Brennstoffes, mit der Anschaffung des Wassers, mit der Beförderung der Asche, mit der

Anzahl und dem Alter der Maschinen und Kessel, mit der Automatisierung des Betriebes in Zusammenhang. Glücklicherweise üben die Personalausgaben bloß bei kleinen Werken einen wesentlichen Einfluß auf die Gesamtkosten; bei größeren Werken können sie die Gesamterzeugungskosten nur unwesentlich beeinflussen. In der Abb. 14 sind für die Kosten des Personals in Abhängigkeit von den erzeugten kWh Richtbeträge aufgetragen. In diesen Beträgen sind auch sämtliche mit dem Personal

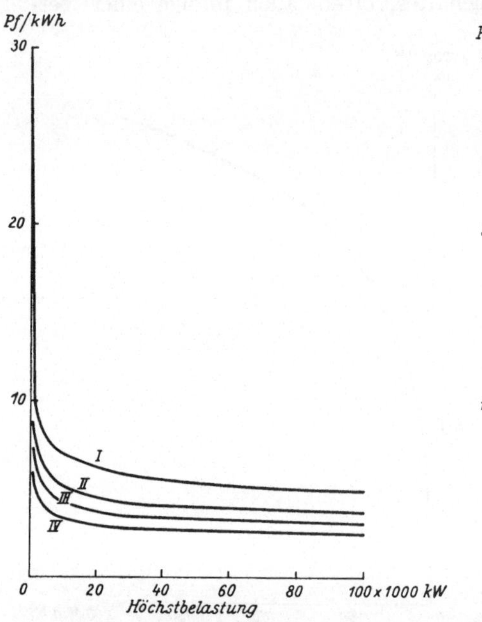

Abb. 15. Erzeugungskosten von Dampfkraftwerken älterer Bauweise bei spezifischen Belastungen von 2000, 3000. 4000 bzw. 6000 kWh/kW

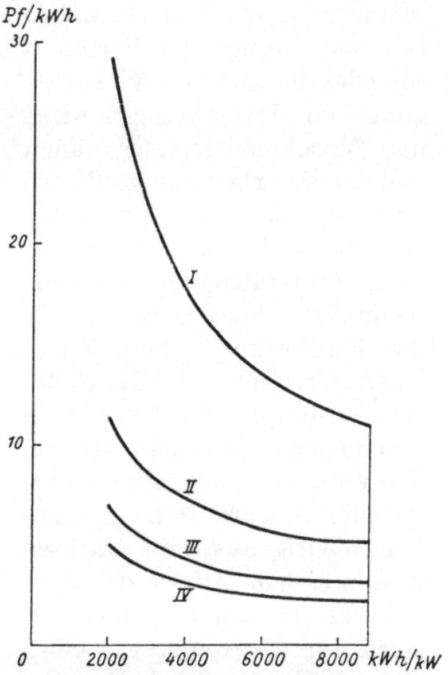

Abb. 16. Erzeugungskosten von Dampfkraftwerken älterer Bauweise bei Höchstbelastungen von 100, 1000, 10 000 und 100 000 kW

zusammenhängenden Spesen: Steuern, Krankenkasse, Versicherungen, und Pensionsbeiträge inbegriffen.

Zur Deckung der mit der Energieerzeugung verbundenen Verwaltungsausgaben, wie Kanzleispesen, Reiseausgaben, Steuer, Versicherungen usw., werden wir 5% der Gesamtausgaben verrechnen.

B. Erzeugungskosten kalorischer Werke

a) Dampfkraftwerke älterer Bauweise

Unter Benützung der vorangeführten Annahmen und Rechnungsweisen wurden die Erzeugungskosten von Dampfkraftwerken verschiedener Größe, unter verschiedenen Verhältnissen arbeitend, berechnet und der Rechnungsvorgang in der Tabelle 7 wiedergegeben. Die Resultate der Kostenberechnungen wurden in den Abb. 15 und 16 aufgezeichnet. Die Kurven I, II, III und IV der Abb. 15 zeigen die Erzeugungskosten der kWh bei einem Kohlenpreise von 3 Pf/10000 kcal in Abhängigkeit von der Höchstbelastung und bei einer spezifischen Belastung des kalorischen Werkes von 2000, 3000, 4000 bzw. 6000 kWh/kW. Mit den Kurven I, II, III und IV der Abb. 16 sind die Erzeugungskosten der kWh in Abhängigkeit von der spezifischen Belastung des Werkes bei einem Kohlenpreise von 3 Pf/10000 kcal und einer höchsten Belastung von 100, 1000, 10000 und 100000 kW dargestellt.

Die Kurven beleuchten den quantitativen und den qualitativen Einfluß der Belastung auf die Erzeugungskosten. Es ist aus den Kurven ersichtlich, daß unter sonst gleichen Verhältnissen ein Dampfkraftwerk mit einer Höchstbelastung von 100000 kW die kWh etwa 2,5mal so billig zu erzeugen vermag, wie ein Werk, dessen Höchstbelastung 1000 kW beträgt. Der Einfluß der spezifischen Belastung auf die Erzeugungskosten der kWh ist ebenfalls wesentlich; unter sonst gleichen Betriebsverhältnissen vermag ein kalorisches Werk mit der spezifischen Belastung von 6000 kWh/kW die kWh etwa 2mal so billig zu erzeugen, wie mit der spezifischen Belastung von bloß 2000 kWh/kW.

Tabelle 7. Erzeugungskosten von Dampfkraftwerken älterer Bauweise

Höchste Belastung kW	100	1000	10000	100000
Ausbau des Werkes kW	150	1500	15000	150000
Anlagekosten RM	12500	730000	5100000	37000000
Kohlenverbrauch/kWh bei Vollast kcal	15000	7500	5350	4500
Preis von 10000 kcal Kohle ab Kraftwerk Pf	3,0	3,0	3,0	3,0
Kohlenkosten/kWh bei Vollast Pf	4,5	2,25	1,60	1,35
Wirk-Kohlenkosten/kWh Pf	3,8	1,9	1,35	1,13
Kohlenkosten je Std. Leerlauf RM	0,72	3,6	25,5	215,0
a) Jährliche Ausgaben bei einer spez. Belastung von kWh/kW.	2000			
und bei einer Jahreserzeugung von kWh	200000	2000000	20000000	200000000
Heizstoffkosten für Leerlauf	6300	31500	225000	1900000
Wirkheizstoffkosten	7600	38000	270000	2260000
Schmier-, Putz- und Dichtungsstoffe	700	3500	25000	210000
Personalausgaben	25000	50000	150000	280000
Verzinsung, Amortisation, Erneuerung, Erhaltung	16000	94000	660000	4800000
Verwaltungsausgaben	2800	11000	66000	470000
Gesamtausgaben RM	58400	228000	1396000	9920000
Erzeugungskosten je kWh Pf	29,2	11,4	6,98	4,96

b) Jährliche Ausgaben bei einer spez. Belastung von kWh/kW.	3 000			
und bei einer Jahreserzeugung von kWh	300 000	3 000 000	30 000 000	300 000 000
Heizstoffkosten für Leerlauf	6 300	31 500	225 000	1 900 000
Wirkheizstoffkosten	11 400	57 000	405 000	3 380 000
Schmier-, Putz- und Dichtungsstoffe	1 000	4 500	32 000	265 000
Personalausgaben	27 000	60 000	170 000	300 000
Verzinsung, Amortisation, Erneuerung, Erhaltung	16 000	94 000	660 000	4 800 000
Verwaltungsausgaben	3 300	12 000	75 000	530 000
Gesamtausgaben RM.........	65 000	259 000	1 567 000	11 175 000
Erzeugungskosten je kWh Pf...	21,66	8,63	5,22	3,72

c) Jährliche Ausgaben bei einer spezifischen Belastung von kWh/kW	4000			
und bei einer Jahreserzeugung von kWh	400 000	4 000 000	40 000 000	400 000 000
Heizstoffkosten für Leerlauf ...	6 300	31 500	225 000	1 900 000
Wirkheizstoffkosten	15 200	76 000	540 000	4 520 000
Schmier-, Putz- und Dichtungsstoffe	1 100	5 500	38 000	320 000
Personalausgaben	28 000	70 000	185 000	320 000
Verzinsung, Amortisation, Erneuerung, Erhaltung	16 000	94 000	660 000	4 800 000
Verwaltungsausgaben	3 400	14 000	82 000	590 000
Gesamtausgaben RM...........	70 000	291 000	1 730 000	12 450 000
Erzeugungskosten je kWh Pf...	17,5	7,28	4,32	3,11

d) Jährliche Ausgaben bei einer spezifischen Belastung von kWh/kW	6000			
und einer Jahreserzeugung von kWh	600 000	6 000 000	60 000 000	600 000 000
Heizstoffkosten für Leerlauf ...	6 300	31 500	225 000	1 900 000
Wirkheizstoffkosten	22 900	114 000	810 000	6 780 000
Schmier-, Putz- u. Dichtungsstoffe	1 500	7 500	53 000	420 000
Personalausgaben	30 000	90 000	210 000	340 000
Verzinsung, Amortisation, Erneuerung, Erhaltung	16 000	94 000	660 000	4 800 000
Verwaltungsausgaben	3 800	17 000	98 000	720 000
Gesamtausgaben RM..........	80 500	354 000	2 056 000	14 950 000
Erzeugungskosten je kWh Pf...	13,41	5,90	3,42	2,50

b) Hochthermische Dampfkraftwerke

Dampfkraftwerke haben vor dem Kriege mit einem höchsten thermischen Wirkungsgrade von etwa 18% gearbeitet; in den letzten Jahren wurde der thermische Wirkungsgrad von Dampfkraftwerken bis auf 28% erhöht. Man hat zu diesem Zwecke, wie bereits erwähnt, die Kessel mit Kohlenstaubfeuerung ausgerüstet, die Dampfspannung auf etwa 35 Atm. und die Temperatur auf 400° C erhöht. Alle diese Einrichtungen vergrößern aber die Anlagekosten und erfordern auch höhere Perzentsätze für Erhaltung und Erneuerung.

Die Entwicklung der Dampfkraftwerke ist für die Verbilligung der Erzeugungskosten von wesentlicher Bedeutung. Dennoch darf das Bestreben auf eine Erhöhung des thermischen Wirkungsgrades nicht übertrieben werden. Eine Steigerung des thermischen Wirkungsgrades bedeutet nämlich bloß unter gewissen Betriebsverhältnissen und nur bis zu einer gewissen Grenze eine Verminderung der Gesamterzeugungskosten; sobald diese Bedingungen nicht mehr vorhanden sind, kann eine Steigerung des thermischen Wirkungsgrades sogar eine Vergrößerung der Gesamterzeugungskosten verursachen.

Um dies zu erläutern, wurde aus den Ergebnissen der Tabelle 7 die perzentuelle Verteilung der Heizmaterialkosten, sowie der mit den Anlagekosten zusammenhängenden Ausgaben eines Dampfkraftwerkes mit der Höchstbelastung von 100 000 kW bei einer spezifischen Belastung von 1000 bzw. 6000 kWh/kW in die Tabelle 8 übertragen. Es wurde weiters die perzentuelle Verteilung dieser Kostenteile auch für die Fälle berechnet, wenn die Kohle bloß 1,5 Pf/10 000 kcal kosten und der Zinsfuß statt 7% bloß 4% betragen würde.

Tabelle 8. Perzentuelle Verteilung der festen und variablen Kosten der Energieerzeugung

Zinsfuß	Kohlenpreis	Spezifische Belastung 1000 kWh/kW		Spezifische Belastung 6000 kWh/kW	
%	Pf/10 000 kcal	Kapitalsdienst	Heizstoffkosten	Kapitalsdienst	Heizstoffkosten
7%	3,0	48%	42%	32%	58%
	1,5	61%	26%	45%	41%
4%	3,0	42%	47%	27%	63%
	1,5	55%	31%	39%	46%

Diese Tabelle lehrt, daß die Heizstoffkosten einen umso größeren Anteil an den Gesamtkosten der Energieerzeugung darstellen, je größer die spezifische Belastung des Werkes, je teuerer die Kohle und je niedriger der Zinsfuß ist; die mit den Anlagekosten zusammenhängenden Ausgaben verhalten sich gerade umgekehrt. Eine Verminderung der Heizstoffkosten kann somit bei Werken eine wirkungsvolle Abnahme der Gesamtkosten mit sich bringen, die spezifisch hoch belastet laufen, die mit teueren Heizstoffen arbeiten und deren Anlagekosten mit einem niedrigen Zinsfuße belastet sind. Im Wege einer fortdauernden Erhöhung des thermischen Wirkungsgrades nehmen die Heizstoffausgaben mehr und mehr ab und die festen Ausgaben mehr und mehr zu; infolgedessen verschiebt sich sukzessive deren perzentuelle Verteilung in den Gesamtkosten und das Werk nähert sich mehr und mehr dem Zustande, wo trotz der hohen spezifischen Belastung und jährlichen Erzeugung eine weitere kostspielige Erhöhung des thermischen Wirkungsgrades nicht mehr erwünscht ist. Wo diese Grenze liegt, hängt von dem Zusammenhange des thermischen Wirkungsgrades und der Anlagekosten ab.

Einen Zusammenhang zwischen thermischem Wirkungsgrad und Anlagekosten könnte man zur Zeit, wo weder die Entwicklung der Dampfkraftwerke beendet, noch das Wirtschaftsleben stabilisiert ist, kaum aufstellen. Die Kurven der Abb. 12 zeigen, daß moderne hochthermische Dampfkraftwerke zur Erzeugung einer kWh um etwa 22% weniger Heizstoffe verbrauchen, demgegenüber gemäß Kurven der Abb. 13 um rund 15% mehr Anlagekosten erfordern, als Werke älterer Bauweise. Unter dieser Voraussetzung wurde auf Grund der Tabelle 7 die Tabelle 9 zusammengestellt, in welcher die perzentuelle Zunahme (+), bzw. Abnahme (—) der Erzeugungskosten eines Werkes von 100000 kW Höchstbelastung gegenüber den Erzeugungskosten eines Werkes älterer Bauweise bei verschiedenen Betriebsverhältnissen enthalten ist.

Tabelle 9. **Erzeugungskosten hochthermischer Dampfkraftwerke gegenüber Werken älterer Bauweise**

Zinsfuß %	Kohlenpreis Pf/10000 kcal	Spezifische Belastung kWh/kW 1000	6000
7%	3,0 Pf	— 1,3%	— 9,4%
	1,5 Pf	+ 4.2%	— 4,7%
4%	3,0 Pf	— 3,6%	— 12,5%
	1,5 Pf	+ 2,1%	— 7%

Aus dieser Tabelle ist ersichtlich, daß die Erhöhung des thermischen Wirkungsgrades bei einem Zinsfuß von 4%, einem Kohlenpreise von 3 Pf/10000 kcal und einer spezifischen Belastung von 6000 kWh/kW eine 12,5%ige Abnahme der Erzeugungskosten hervorruft; falls der Zinsfuß von 4% auf 7% ansteigt, vermindern sich die Ersparnisse auf 9,4%. Demgegenüber würde ein hochthermisches Dampfkraftwerk bei einem Zinsfuße von 7%, einem Kohlenpreise von 1,5 Pf/10000 kcal und einer spezifischen Belastung von bloß 1000 kWh/kW die kWh bereits um 4,2% teuerer erzeugen, als ein Kraftwerk älterer Bauweise; bei einem Zinsfuße von 4% beträgt die Kostenzunahme noch immer 2,1%.

Mit Hilfe der Kurven der Abb. 12 und 13 wurden in der Tabelle 10 die Erzeugungskosten von hochthermischen Dampfkraftwerken für den Fall zahlenmäßig berechnet, daß die Kohle ab Kraftwerk 3 Pf/10000 kcal kostet und für Verzinsung und Amortisation der Anlagekosten 7% zu veranschlagen sind. Die Ergebnisse dieser Tabelle sind in der Abb. 17 aufgezeichnet. Es bedeuten in dieser Abbildung die Kurven I, II, III bzw. IV die Kosten der erzeugten kWh von hochthermischen Dampfkraftwerken, bei einer spezifischen Belastung von 2000, 3000, 4000 bzw. 6000 kWh/kW. Als Abszissen sind die Höchstbelastungen aufgetragen.

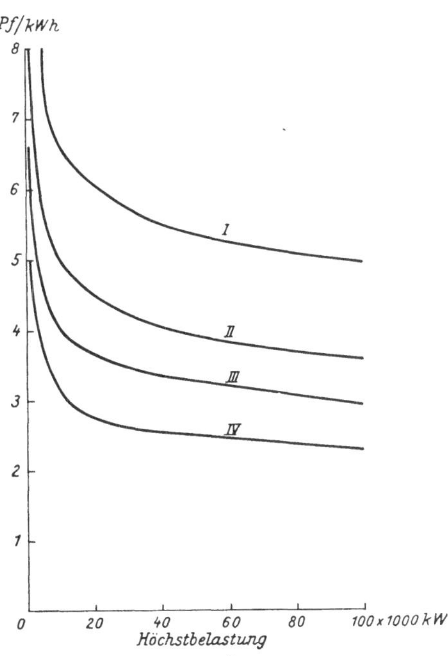

Abb. 17. Erzeugungskosten hochthermischer Kraftwerke bei spezifischen Belastungen von 2000, 3000, 4000 bzw. 6000 kWh/kW

Aus diesen Kurven ist der Einfluß der Größe und der spezifischen Belastung des Werkes klar ersichtlich. Die Erzeugungskosten/kWh eines hochthermischen kalorischen Werkes mit einer Höchstbelastung von 1000 kW sind 2,2mal so hoch, wie die eines hochthermischen Großkraftwerkes mit einer Höchstbelastung von 100000 kW. Dasselbe Verhältnis obwaltet zwischen den Erzeugungskosten desselben Werkes, falls es einmal mit einer spezifischen Belastung von 1000 und das zweitemal von 6000 kWh/kW läuft.

Auf Grund der vorangeführten Untersuchungen kann festgestellt werden, daß eine Verwendung von hochthermischen Dampfkraftwerken der qualitativen und quantitativen Beschaffung der Belastung, den Preisverhältnissen der zu verfeuernden Kohle und schließlich den Zinsverhältnissen unterworfen ist. Hochthermische Dampfkraftwerke sollten zur Erzeugung von Energiemengen mit hoher spezifischer Belastung um so mehr herangezogen werden, je teuerer die Kohle und je niedriger der Zinsfuß ist. Je mehr diese Bedingungen erfüllt werden können, umso wünschenswerter erscheint eine weitere Erhöhung des thermischen Wirkungsgrades.

Tabelle 10. Erzeugungskosten von Dampfkraftwerken neuester Bauweise

Höchste Belastung kW	1000	5000	10000	100000
Ausbau des Werkes kW	1500	7500	15000	150000
Anlagekosten RM	820000	3150000	5850000	43000000
Kohlenverbrauch je kWh bei Vollast kcal	6200	4600	4000	3500
Preis von 10000 kcal Kohle ab Kraftwerk Pf	3,0	3,0	3,0	3,0
Kohlenkosten je kWh bei Vollast Pf	1,86	1,38	1,20	1,05
Wirk-Kohlenkosten je kWh Pf	1,55	1,16	1,01	0,88
Kohlenkosten je Stunde Leerlauf RM	3,00	11,10	19,30	167

a) Jährliche Ausgaben bei einer spez. Belastung von kWh/kW.	2000			
und bei einer Jahreserzeugung von kWh	200000	2000000	20000000	200000000
Heizstoffkosten für Leerlauf	26500	98000	170000	1470000
Wirkheizstoffkosten	31000	116000	202000	1760000
Schmier-, Putz- u. Dichtungsstoffe	3500	13500	25000	210000
Personalausgaben	50000	115000	150000	280000
Verzinsung, Amortisation, Erneuerung, Erhaltung	106000	420000	760000	5600000
Verwaltungsausgaben	11000	38500	66000	470000
Gesamtausgaben RM	228000	801000	1373000	9790000
Erzeugungskosten je kWh Pf	11,4	8,01	6,86	4,89

b) Jährliche Ausgaben bei einer spez. Belastung von kWh/kW	3000			
und bei einer Jahreserzeugung von kWh	300000	3000000	30000000	300000000
Heizstoffkosten für Leerlauf	26500	98000	170000	1470000
Wirkheizstoffkosten	46500	176000	303000	2640000
Schmier-, Putz- u. Dichtungsstoffe	4500	13500	32000	265000
Personalausgaben	50000	135000	170000	280000
Verzinsung, Amortisation, Erneuerung, Erhaltung	106000	420000	760000	5600000
Verwaltungsausgaben	12000	42000	75000	530000
Gesamtausgaben RM	245000	885000	1510000	10785000
Erzeugungskosten je kWh Pf	8,18	5,9	5,03	3,59

c) Jährliche Ausgaben bei einer spez. Belastung von kWh/kW	4000			
und bei einer Jahreserzeugung von kWh	400 000	4 000 000	40 000 000	400 000 000
Heizstoffkosten für Leerlauf	26 500	98 000	170 000	1 470 000
Wirkheizstoffkosten	62 000	232 000	404 000	3 520 000
Schmier-, Putz- u. Dichtungsstoffe	5 500	21 000	38 000	320 000
Personalausgaben	50 000	115 000	150 000	280 000
Verzinsung, Amortisation, Erneuerung, Erhaltung	106 000	420 000	760 000	5 600 000
Verwaltungsausgaben	14 000	48 000	82 000	590 000
Gesamtausgaben RM	264 000	934 000	1 604 000	11 780 000
Erzeugungskosten je kWh Pf.	6,6	4,67	4,01	2,94

d) Jährliche Ausgaben bei einer spez. Belastung von kWh/kW	6000			
und bei einer Jahreserzeugung von kWh	600 000	6 000 000	60 000 000	600 000 000
Heizstoffkosten für Leerlauf	26 500	98 000	170 000	1 470 000
Wirkheizstoffkosten	93 000	352 000	606 000	5 280 000
Schmier-, Putz- u. Dichtungsstoffe				
Personalausgaben	7 500	28 000	53 000	420 000
Verzinsung, Amortisation, Erneue-	50 000	170 000	210 000	340 000
rung, Erhaltung	106 000	420 000	760 000	5 600 000
Verwaltungsausgaben	17 000	56 000	9800	410 000
Gesamtausgaben RM	300 000	1 124 000	1 897 000	13 520 000
Erzeugungskosten je kWh Pf.	5,0	3,75	3,13	2,25

3. Kosten der elektrischen Übertragung der Energie

Die Kosten der elektrischen Übertragung bestehen aus den Posten: Verzinsung und Amortisation der Anlagekosten, Erhaltung, Erneuerung der Einrichtungen, Kosten der Energieverluste und schließlich die Verwaltungsspesen.

Die Anlagekosten von Fernleitungen verschiedener Spannungen wurden in Abhängigkeit von den Leitungsquerschnitten in der Abb. 18 aufgezeichnet; die angeführten Kosten in M/km sind Vorkriegspreise bei einer Kupfernotierung von etwa 60 L.

Kurve I der Abb. 18 betrifft die Kosten von 100 kV, Kurve II von 60 kV Doppelleitung, Kurve III die von 60 ÷ 100 kV, Kurve IV von 35 kV Einfachleitung; Kurve V und VI zeigen die Kosten von auf Holzmasten montierten 25 bzw. 15 kV Einfachleitungen. Es sei hier bemerkt, daß ein Kilometer der 220/380 kV Fernleitung, welche zwischen dem Goldenbergwerk und Mannheim aufgestellt wurde, rund 100000 RM gekostet hat.[1]

Für Verzinsung und Amortisation werden wir im folgenden 7%, für Erhaltung und Erneuerung 3%, somit zusammen 10% der Anlagekosten der Fernleitungen in Rechnung stellen.

Die Erzeugungskosten der in der Fernleitung verlorenen Ohmschen Energie sind gegenüber den mit den Anlagekosten zusammenhängenden Ausgaben unbedeutend. Diese Energieverluste wachsen mit dem Quadrate der jeweiligen Belastungen; sie hängen somit

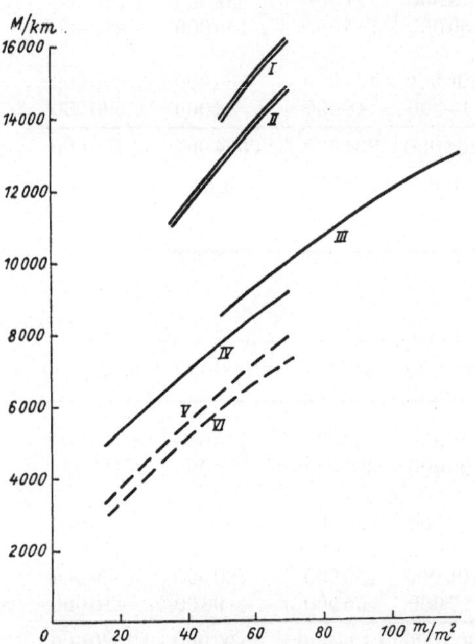

Abb. 18. Anlagekosten von Fernleitungen (Vorkriegspreise)

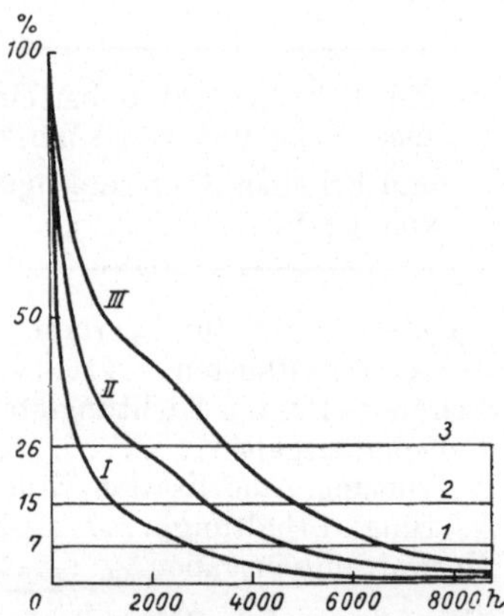

Abb. 19. Ohmsche Verluste in den Leitungen im Jahresdurchschnitte

von der spezifischen Belastung der übertragenen Energie ab. In der Abb. 19 sind die Quadrate der Abszissenwerte der Kurven I, II, III der Abb. 8 aufgetragen. Die Mittelwerte der eingeschlossenen Verlustflächen sind mit Linie 1, 2, 3 bezeichnet. Dementsprechend ist der jährliche Durchschnittsverlust in einer Fernleitung 7%, 15 bzw. 26% des bei der höchsten Belastung eintretenden Verlustes, je nachdem die spezifische Belastung der übertragenen Energie 2000, 3000 bzw. 4000 kWh/kW beträgt. Wurde zum Beispiel eine Fernleitung in der Weise berechnet, daß der Ohmsche Verlust in den Leitungen bei der höchsten Belastung 10% der übertragenen Energie beträgt, dann ermäßigt sich dieser Verlust im Jahresdurchschnitte bei einer spezifischen Belastung von 2000, 3000 bzw. 4000 kWh/kW auf 0,7%, 1,5% bzw. 2,6%.

[1] Werner, Direktor, Dr. Ing. E. h. R., Die Zukunftsmöglichkeiten der Elektrizitätswirtschaft, E. T. Z. 1927, H. 21.

4. Die Spaltung der Energieerzeugung

A. Einfluß der Spaltung auf die Erzeugung und Übertragung der Energie

Als Ergebnis der vorangeführten Untersuchungen der kalorischen Energieerzeugung kann festgestellt werden, daß eine wirtschaftliche und billige Erzeugung und Übertragung der Energie mit deren Quantität und Qualität zusammenhängt. Zwecks einer wirtschaftlichen und billigen Produktion drängt daher die kalorische Energiewirtschaft durch eine quantitative Erweiterung des Verbrauches zu einer konzentrierten Erzeugung von großen Energiemassen in modernen Großkraftwerken. Einer qualitativen Gestaltung der Energie stehen zwar gewisse tarifarische Möglichkeiten zur Verfügung, doch können wesentliche Resultate nur bei Wasserkraftwerken erreicht werden.

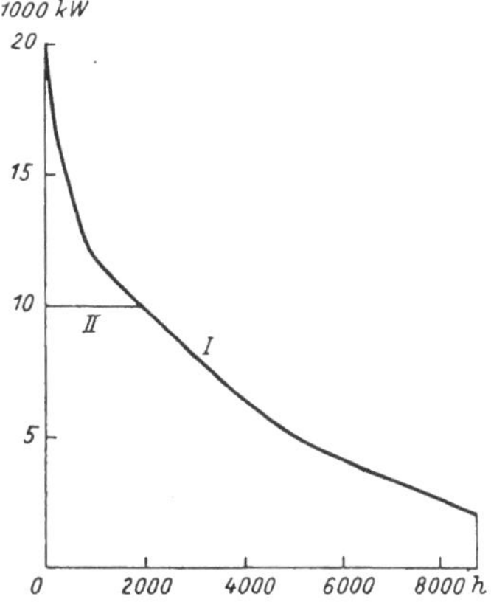

Abb. 20. Spaltung des Energieflusses in einen Grund- und einen Spitzenteil

Als ein wirkungsvolles technisches Mittel zur Gestaltung der spezifischen Belastung und damit zu einer weiteren Verminderung der Produktionskosten empfiehlt sich die Spaltung der konzentrierten Energieerzeugung. Die Kurve I der Abb. 20 repräsentiert das Dauerbelastungsdiagramm eines Elektrizitätswerkes, dessen spezifische Belastung 3000 kWh/kW beträgt. Mit einer maximalen Belastung von 20000 kW werden somit jährlich 60000000 kWh erzeugt.

Spaltet man das Diagramm durch Halbierung der maximalen Ordinate mit Hilfe der Linie II in zwei Teile, dann stellt der Grundteil bei 10000 kW Belastung eine jährliche Energiemenge von 55000000 kWh und der Spitzenteil bei einer maximalen Belastung von ebenfalls 10000 kW eine Energie von nur 5000000 kWh dar. Durch die Spaltung erhöht sich daher die spezifische Belastung für den Grundteil auf 5500 kWh/kW, dagegen erniedrigt sie sich für den Spitzenteil auf 500 kWh/kW. Der Grundteil erhält damit sowohl die quantitativen als auch die qualitativen Bedingungen einer wirtschaftlichen und billigen Energieerzeugung: er besitzt eine große Energiemenge und eine hohe spezifische Belastung. Demgegenüber werden durch die Spaltung die Erzeugungsverhältnisse des Spitzenteiles nachteilig beeinflußt. Falls es nun möglich wäre, den schlanken, energiearmen Spitzenteil mit seiner niedrigen spezifischen Belastung gleichfalls billig zu erzeugen, würde die Spaltung der Energiegewinnung die Lösung der wirtschaftlichen und billigen Produktion näher bringen.

Es soll der jährliche Verbrauch eines Elektrizitätswerkes von 60000000 kWh mit einer maximalen Belastung von 20000 kW von einem Dampfkraftwerk mit drei je 10000 kW Einheiten gedeckt werden. Der

Preis der verfeuerten Kohle von 6600 kcal soll 18,5 RM/t ab Werk betragen. Die Betriebsverhältnisse, sowie die jährlichen Erzeugungskosten sind in der Tabelle 11 zusammengestellt. Darin sind weiters die Erzeugungskosten der Grund- und Spitzenenergien angegeben, wobei sämtliche Kosten, mit Ausnahme der Heizstoffkosten, zwischen den beiden Energietypen gleichmäßig verteilt werden.

Tabelle 11. Erzeugungskosten der Gesamt-, Grund- und Spitzenenergien an Werken älterer Bauweise

Energieteile	Gesamt-energie	Grund-energie	Spitzen-energie
Höchstbelastung kW	20000	10000	10000
Ausbau des Werkes kW	3 × 10000	3 × 5000	3 × 5000
Spezifische Belastung kWh/kW	3000	5500	500
Jahreserzeugung kWh	60000000	55000000	5000000
Anlagekosten RM	9300000	5100000	5100000
Kohlenverbrauch/kWh bei Vollast kcal	5350	5900	5900
Preis von 10000 kcal Kohle ab Kraftwerk Pf	3	3	3
Kohlenkosten/kWh bei Vollast Pf	1,60	1,77	1,77
Wirkkohlenkosten/kWh bei Vollast Pf	1,35	1,49	1,49
Kohlenkosten je h Leerlauf einer Turbine RM	12,9	7,0	7,0
Kohlenkosten je Stunde Leerlauf eines Kessels RM	12,9	7,0	7,0
Leerlaufstunden der Turbinen	11000	14000	2200
Leerlaufstunden der Kessel	12600	17600	5800
Jährliche Kosten der Energieerzeugung in RM:			
Heizstoffkosten für Leerlauf	305000	220000	56000
Wirkheizstoffkosten	810000	820000	75000
Schmier-, Putz- und Dichtungsstoffe	56000	52000	7000
Personalausgaben	210000	150000	60000
Verzinsung und Amortisation	650000	358000	358000
Erneuerung und Erhaltung	558000	306000	194000
Verwaltungsausgaben	131000	94000	37000
Gesamtausgaben RM	2720000	2000000	787000
Erzeugungskosten je kWh in Pf	4,53	3,65	15,74

Die Resultate der Tabelle beweisen auch zahlenmäßig die Folgen einer Spaltung: Die Grundenergien können dank ihrer quantitativen und qualitativen Bereicherung um 20% billiger erzeugt werden; dem gegenüber erhöhen sich die Erzeugungskosten der quantitativ und qualitativ verarmten Spitzenenergien auf den 3,5fachen Betrag.

Die Spaltung der Energieerzeugung übt auf die Übertragungskosten der Energieteile gleichfalls einen wesentlichen Einfluß aus. Nehmen wir an, daß eine Energie mit der maximalen Belastung von 20000 kW bei einer Phasenverschiebung von $\cos\varphi = 0{,}75$ auf 200 km übertragen werden soll. Die Anlagekosten hiefür sind folgende:

200 km Fernleitung mit einem Kupferquerschnitt von $2 \times 3 \times \times 70\ mm^2$ bei einer Spannung von 100 kV	4500000 RM
Auf- und Abspannwerke für 2×30000 kVA samt Schaltanlagen und Baulichkeiten	900000 „
Anlagekosten der Fernübertragung	5400000 RM

Die Kosten der Übertragung sind, wenn die Ausgaben zu 10% der Anlagekosten festgestellt werden, folgende:

Tabelle 12. Übertragungskosten der Gesamt-, Grund- und Spitzenenergie

Energieteile	Gesamt-energie	Grund-energie	Spitzen-energie
Jährliche Kosten RM	540000	270000	270000
Übertragungskosten je kWh in Pf	0,9	0,49	5,4

Gemäß Tabelle 12 vermindern sich die Kosten der Energieübertragung einer kWh Grundenergie gegenüber der Gesamtenergie um 45%, während sich die Übertragungskosten der Spitzenenergien auf den sechsfachen Betrag erhöhen.

Ein Zuwachs der Übertragungskosten der Spitzenenergien wäre trotzdem ohne Belang, wenn die Eisenbahntarife für Beförderung der Kohle davon abhängig wären, ob für das Werk eine größere oder nur eine kleinere Menge an Kohle geliefert werden soll. Die Eisenbahntarife für die Verfrachtung von 1 kg Kohle sind jedoch unabhängig davon, ob größere oder kleinere Kohlenmengen befördert werden; die Transportkosten einer kWh mit der Eisenbahn sind daher dieselben, gleichgültig ob Spitzen- oder Grundenergien verfrachtet werden. Demgegenüber verhalten sich die elektrischen Übertragungskosten der kWh umgekehrt proportional den transportierten Energiemengen. Mit einer maximalen Belastung von 10000 kW betragen die Übertragungskosten von 1 kWh Spitzenenergie laut obigem Beispiele bei einer spezifischen Belastung von 500 kWh je kW elfmal so viel als die Übertragungskosten von 1 kWh Grundenergie mit einer spezifischen Belastung von 5500 kWh/kW.

B. Der Verbundbetrieb

Die Spaltung der Energieerzeugung kann sich als ein wirkungsvolles Mittel zur Verbilligung der Produktion und Übertragung erweisen, sobald die Grund- und Spitzenenergien — nach einer vorhergehenden Analysierung der Teilkosten — mit den eigenartigen Betriebsverhältnissen angepaßten Maschinen und Einrichtungen getrennt erzeugt und übertragen werden. Hiedurch können nicht nur die hohen Kosten der Spitzenenergien verringert, sondern auch die Erzeugungskosten der Grundenergien noch weiter ermäßigt werden.

Die größten Posten der Erzeugungskosten der Spitzenenergien werden nach Tabelle 11 mit 70% sämtlicher Ausgaben von dem Dienste der investierten Kapitalien gebildet; demgegenüber spielen die Heizstoffkosten mit 16,5% Anteil eine bescheidene Rolle. Sie überwiegen dagegen mit einem Anteil von 52% bei den Kosten der Grundenergien; der Kapitalsdienst beträgt hier nur 33%.

Die Grund- und Spitzenenergien dürften daher nicht mit den gleichen Maschinen erzeugt werden; vielmehr sollten die beiden Energiearten ihrem widersprechenden Charakter entsprechend mit Hilfe von zwei Maschinentypen gewonnen werden. Für die Spitzenerzeugung wären billige Maschinen und Einrichtungen selbst auf Kosten der Wirkungsgrade zu wählen, für die Grundenergien dagegen Maschinen und Einrichtungen von hochthermischen Wirkungsgraden, wenn auch dadurch die Anlagekosten wachsen.

Im vorhergehenden Kapitel wurde bewiesen, daß hochthermische Dampfkraftwerke bei hohen spezifischen Belastungen, hohen Kohlenkosten und niedrigen Zinssätzen besonders vorteilhaft arbeiten; durch die Spaltung der Energieerzeugung wird die spezifische Belastung des Grundwerkes wesentlich erhöht. Hieraus ergeben sich für die Grundkraftwerke Betriebsverhältnisse, die die Aufstellung von hochthermischen Dampfkraftwerken begünstigen. Nehmen wir an, daß zur Erzeugung der Grundenergien moderne, hochthermische Maschinen und Einrichtungen aufgestellt werden, welche um 26% weniger Heizmaterial verbrauchen, jedoch um 15% höhere Investitionen verlangen, als normale Kraftwerke;

Tabelle 13. Kosten der Gesamt-Grund- und Spitzenenergie, wenn in Spezialwerken erzeugt

Energieteile	Gesamt-energie	Grund-energie	Spitzen-energie
Heizstoffkosten	840000	780000	262000
Annuitäten, Erhaltung, Erneuerung	1400000	770000	272000
Schmier-, Putz- u. Dichtungsstoffe, Personal, Verwaltung	397000	296000	104000
Jährliche Ausgaben RM	2637000	1846000 +	642000
		2483000	
Erzeugungskosten an Werken älterer Bauweise (Tabelle 11)		2720000	
Verminderung der Erzeugungskosten gegenüber denen von Werken älterer Bauweise	3%	8,7%	

zur Spitzenerzeugung sollen dagegen Maschinen und Einrichtungen verwendet werden, deren Anlagekosten um 50% niedriger sind, die jedoch um 100% mehr Heizmaterial verbrauchen als normale Kraftwerke. Unter diesen Voraussetzungen sind die Kosten der Energieerzeugung in Tabelle 13 zusammengestellt. In der ersten Spalte sind die Erzeugungskosten für den Fall berechnet, wenn die Gesamtenergie mit hochthermischen Maschinen und Einrichtungen erzeugt werden sollte.

Das Ergebnis weist darauf hin, daß falls die Gesamtenergie in einem hochthermischen Werke gewonnen werden sollte, die Erzeugungskosten sich um 3% niedriger stellen würden als die eines normalen Werkes; wenn jedoch dieselbe Energiemenge in zwei den Betriebsverhältnissen angepaßten Kraftwerktypen produziert wird, vermindern sich die Kosten um 8,7% gegenüber den Erzeugungskosten normaler Kraftwerke. Die Anlagekosten des selbständigen hochthermischen Werkes würden um 15% höher, die der zwei Spezialwerke zusammen dagegen um 10% niedriger ausfallen als die normaler Kraftwerke.

Ein technisch-organisches Zusammenarbeiten von Kraftwerken, welche derart disponiert sind, daß zur Erzeugung der Grundenergien Maschinen und Einrichtungen mit geringem Heizmaterialverbrauch angeschafft werden, zur Deckung der Spitzenenergien dagegen billige Maschinen und Einrichtungen aufgestellt werden, wird als Verbundbetrieb, seine Teile werden als Grundkraftwerk, bzw. als Spitzenkraftwerk bezeichnet. Die Grundkraftwerke laufen Tag und Nacht während 8760 Stunden des Jahres; die Spitzenkraftwerke sind dagegen nur periodisch, während der kurzen Dauer der täglichen Spitzen in Betrieb. Einerseits aus betriebstechnischen Rücksichten, andererseits um die Leerverluste zu ersparen, sollten die Spitzenkraftwerke momentan angelassen und abgestellt werden können; sie sollten weiter während der Stillstandsperioden keine Heizstoffe verzehren.

Die quantitative und qualitative Vergrößerung der Grundenergie, welche infolge der Spaltung der Energieerzeugung entsteht, hat eine wesentliche Verbilligung der Übertragungskosten dieses Teiles zur Folge, so daß dadurch die Übertragungsmöglichkeiten der Energie bedeutend begünstigt werden; die quantitativ und qualitativ armen Spitzenenergien werden dagegen von den Übertragungskosten schwer belastet, was die Möglichkeiten der Übertragung wesentlich beengt. Daraus ergibt sich die einfache Regel, wonach Grundenergien unter Umständen auch auf größere Entfernungen übertragen werden können, Spitzenenergien dagegen von im Schwerpunkte der Verbrauche errichteten Spitzenkraftwerken erzeugt werden sollten.

Zurückgreifend nun auf die anfangs aufgeworfene Frage der Verminderung der Erzeugungskosten der Energie durch eine qualitative Beeinflussung dieser, kann auf Grund der durchgeführten Untersuchungen festgestellt werden, daß die Spaltung die Möglichkeit und die Bedingungen einer wirtschaftlichen und billigen Energieerzeugung gewährt; durch eine den Betriebsverhältnissen angepaßte Gestaltung, Auswahl und Aufstellung der Maschinen, Einrichtungen und Fernleitungen kann die Verbilligung der Energieerzeugung mit ausgiebigen Resultaten praktisch verwirklicht werden.

Hochthermische Grundkraftwerke erzielen bei Errichtung in den Schwerpunkten des Verbrauches eine größere Rentabilität, als bei Aufstellung an Kohlengruben. Falls sich zum Beispiel die Kohlenpreise der Tabelle 11 infolge Verlegung des Werkes zu Braunkohlengruben auf 1,5 Pf/10000 kcal ermäßigen, würden sich die Erzeugungskosten der Grundenergien alternativ in einem normalen und in einem hochthermischen Dampfkraftwerke wie folgt stellen:

Tabelle 14. Erzeugungskosten der Grundenergie an der Kohlengrube

Ausführung des Werkes als	normales Grundkraftwerk	hochthermisches Grundkraftwerk
Heizstoffkosten	520000	390000
Annuitäten, Erhaltung, Erneuerung	664000	770000
Schmier-, Putz-, Dichtungsstoffe, Personal, Verwaltung	296000	296000
Jährliche Ausgaben RM	1480000	1456000

Hochthermische Dampfkraftwerke erzeugen die Grundenergie nach Tabelle 13 mit einem Kohlenpreise von 3 Pf/10000 kcal um 7,7% billiger, als das normale Grundkraftwerk nach Tabelle 11; bei einem Kohlenpreise von 1,5 Pf/10000 kcal, fallen jedoch die Ersparnisse nach Tabelle 14 auf 1,6%. Steinkohlenkraftwerke bedingen daher hochthermische Kessel und Dampfturbinen eher, als bei Braunkohlengruben angelegte Werke.

Die Zinssätze spielen für die Rentabilität von hochthermischen Grundkraftwerken gleichfalls eine wichtige Rolle. Die Annuitäten sind nach der Tabelle 13 mit 7% berechnet worden. Bei einem Zinssatz von 4% würden sich die Kosten eines normalen und eines hochthermischen Grundkraftwerkes wie folgt stellen:

Tabelle 15. Erzeugungskosten der Grundenergie bei niedrigen Zinssätzen

Ausführung des Werkes als	normales Grundkraftwerk	hochthermisches Grundkraftwerk
Heizstoffkosten	1040000	780000
Annuitäten, Erneuerung, Erhaltung	510000	585000
Schmier-, Putz-, Dichtungsstoffe, Personal, Verwaltung	296000	296000
Jährliche Ausgaben RM	1846000	1661000

Falls somit die Annuitäten von 7% auf 4% ermäßigt werden, würden sich damit die Ersparnisse zugunsten der hochthermischen Grundkraftwerke nach Tabelle 15 von 7,7% auf 10% erhöhen. Die Heizstoffkosten übersteigen die Kapitaldienste selbst noch nach der Errichtung von hochthermischen Werken, so daß es lohnend wäre, den thermischen Wirkungsgrad des Werkes durch eine weitere Erhöhung der Anlagekosten noch mehr hinaufzudrücken.

Die charakteristischste Eigenschaft der Spitzenkraftwerke besteht in deren niedrigen Anlagekosten; da der Anteil der Kapitaldienste an den Gesamtkosten der Spitzenerzeugung in normalen Kraftwerken bedeutend höher ist, als der der Heizstoffkosten, kann selbst bei hohen Heizstoffkosten eine wesentliche Ersparnis erzielt werden. Die Maßnahmen zur Ersparung von Anlagekapital werden durch eine Verlegung des Spitzenkraftwerkes in den Schwerpunkt des Verbrauches noch kräftig gefördert.

Solange die Grund- und die Spitzenenergie gemeinsam übertragen werden sollen, sind die Fernleitungen sowie die Auf- und Abspannwerke für eine Phasenverschiebung von etwa $\cos\varphi = 0,7$ zu berechnen; zur Übertragung von 100 kW sind also die Fernleitungen und Umspannwerke für 141 kVA zu bemessen. Wird die Grundenergie allein übertragen und werden die Spitzen im Schwerpunkte des Verbrauches erzeugt, dann kann der volle Blindstrombedarf im Spitzenkraftwerk gedeckt werden, so daß die Fernübertragung lediglich nur Wattströme zu führen hat. Hiedurch ermäßigt sich die Fernleitung von 141 auf 50 kVA. Die Spannungsregelung erfolgt im Spitzenkraftwerke, welches zu diesem Zwecke zur Erzeugung von 120 kVA befähigt werden sollte. Infolge Errichtung des Spitzenkraftwerkes im Schwerpunkte des Verbrauches werden die Kosten der Fernleitungen und der Umspannwerke rund auf die Hälfte verringert.

Die Spitzenenergien werden jedoch nicht nur von den Kosten der Fernleitungen, sondern auch von den der Zwischenübertragung dienenden Mittelspannungs-Speiseleitungen belastet. Die mit Höchstspannung ankommende Energie wird auf eine Mittelspannung von etwa 25 bis 35 kV abgespannt und mittels Fernleitungen oder unterirdischer Kabel den Schwerpunkten der größeren Verbrauche zugeführt. Falls man die Energie in einem lokalen Großkraftwerk erzeugt, wird sie mit einer Spannung von 35 bis 60 kV den einzelnen Bezirken der betreffenden Großstadt zugeleitet.

Bei Konzentration der Energieerzeugung erhöhen sich die Übertragungskosten der Energie infolge der stufenweisen Abspannung wesentlich. Die auf 1 kWh Grundenergie entfallenden Kosten sind jedoch dank der hohen spezifischen Belastung niedriger als die Transportkosten der Kohle; demgegenüber wird die konzentriert erzeugte kWh-Spitzenenergie durch die Übertragungskosten übermäßig hoch belastet. Spitzenenergien sollten demnach unter Ausschaltung von Fern- und Speiseleitungen, sowie von Auf- und Abspannwerken möglichst nahe den Konsumenten im Verteilungsgebiet erzeugt werden.

Die Bedingung der Verminderung der Übertragungskosten von Spitzenenergien und die Notwendigkeit der Verlegung der Spitzenkraftwerke in das Verteilungsgebiet, führen zu einer Dezentralisation der Spitzenerzeugung in kleineren, höchstens in mittelgroßen Spitzenkraftwerken. Hieraus ergibt sich der einfache Grundsatz der Energieerzeugung: Konzentration der Grundenergie, Dezentralisation der Spitzenenergie.

Die Ersparnisse infolge Spaltung der Energieerzeugung und Übertragung entstehen teilweise aus der gesonderten Produktion der Grund-, teilweise der Spitzenenergie bzw. der Übertragung. Wie weit diese Teile zur Rentabilität des Verbundbetriebes beitragen, hängt von den Kohlenpreisen und Zinsverhältnissen ab. Für neu zu errichtende Elektrizitätswerke hat man den Grund- und Spitzenteil zu gleicher Zeit zu erstellen; sobald aber ein bestehendes Elektrizitätswerk erweitert werden sollte, müßte auf Grund der Kohlenpreise und Zinssätze erwogen werden, ob die Erweiterung durch die Errichtung eines Grund- oder Spitzenkraftwerkes erfolgen soll. In den Vereinigten Staaten von Amerika, wo die Zinssätze niedrig und die Kohlenpreise verhältnismäßig hoch sind, kann und soll man mit der Entwicklung des thermischen Wirkungsgrades Schritt halten und überholte Dampfkraftwerke allenfalls alle 5 bis 10 Jahre durch neue Werke mit höchstem thermischen Wirkungsgrad ersetzen; in Europa dagegen, wo die Zinssätze hoch und die Kohlenpreise mäßig sind, müßte man das Ersetzen von betriebsfähigen, gesunden Werken durch neu zu erbauende hochthermische Dampfkraftwerke schon mit Rücksicht auf die heimische Kohlenindustrie von Fall zu Fall wohl überlegen. In den kapitalsarmen, aber an Kohlenschätzen reichen Ländern von Europa sollten eher Spitzen- als Grundkraftwerke errichtet werden. Erstere nehmen die finanzielle Tragfähigkeit eines noch im Entwicklungsstadium befindlichen Elektrizitätswerkes weniger in Anspruch und sind somit für die Übergangszeit der Konsumentenwerbung besonders geeignet. Sobald dann die notwendige Abgabenenergiemenge sichergestellt ist, kann die Verbundwirtschaft durch Errichtung des Grundwerkes vervollständigt werden.

C. Grund- und Spitzenkraftwerkstypen

Neben den hochthermischen Dampfkraftwerken können zur Erzeugung von Grundenergien Kraftwerke herangezogen werden, welche die elektrische Energie als Nebenprodukt erzeugen. Diesen Kraftwerkstypen als Mithelfern in der allgemeinen Energieversorgung darf man jedoch keine übermäßige Bedeutung zuschreiben, denn die als Nebenprodukt gewinnbare Energie ist unsicher und im allgemeinen zu klein, als daß sie die Selbstkosten der Großerzeugung wesentlich beeinflussen könnte. Die Energie als Nebenprodukt kann vorteilhaft für den Eigenverbrauch einzelner Industrieanlagen verwendet werden.

Mit dem Fortschreiten der Erhöhung des thermischen Wirkungsgrades steuern die Dampfkraftwerke in die Richtung der hydraulischen Laufkraftwerke, deren Betriebskosten praktisch ausschließlich aus den Annuitäten, der Erneuerung und Erhaltung des Werkes bestehen. Laufkraftwerke sind, wie wir es später zahlenmäßig beweisen werden, zur

Erzeugung von Energien mit einem hohen spezifischen Inhalte berufen; sie sind ausgesprochene Grundkraftwerke.

Als Spitzenkraftwerke kommen folgende Typen in Betracht: bestehende kalorische Werke, welche infolge der fortschreitenden Energiekonzentration abgestellt wurden bzw. werden; Diesel- und Gaskraftwerke; Speicherung der kalorischen Grundenergie mit Hilfe von Dampfspeichern, Pumpenspeichern oder elektrischen Akkumulatoren, hydraulische Werke mit Speicherung des abfließenden Wassers allenfalls mit Pumpspeicherung der kalorischen Energie ausgerüstet. Hierüber liegt in der neuesten Literatur ein ausgiebiges Material vor.[1]

Die Anlagekosten von Spitzenkraftwerken sind etwa folgende:

Dampfspeicherwerke	150 bis 200 RM/kW
Pumpspeicherwerke	200 bis 300 ,,
Diesel- oder Gaskraftwerke	300 ,,
Elektrische Akkumulatoren samt Umformer	600 ,,

Die Übertragungskosten von Spitzenenergien zeigt Tabelle 16.

Tabelle 16. Anlagekosten der Übertragung von Spitzenenergien

	Art der Übertragung					
	Fernleitungen				Unterirdische Kabel	
Zu übertragende Leistung kW ...	10000		20000		5000	
Entfernung km	100	200	100	200	10	20
Anlagekosten je kW samt Umspannwerken RM	200	500	200	400	200	300

Für die Erzeugung von Spitzenenergien sind in erster Linie die bestehenden örtlichen Kraftwerke geeignet, die sonst mit fortschreitender Energiekonzentration stillgestellt werden. Diese Werke sind bereits

[1] Ruths, Dr. Ing. I., Spitzendeckung in Großkraftwerken. ETZ. 1927, Heft 26. — Reichel, Prof. Dr. Ing. E. h.E., Hydraulische Speicherung. ETZ. 1927, Heft 26. — Berdelle A. D., Spitzendeckung und Belastungsausgleich durch elektrische Speicherbatterie. — Köhler K., Veredelung von Überschußkraft in hydr. Speicherpumpwerken. ETZ. 1927, Heft 26. — Gercke M., Spitzendeckung mit Großdieselmotoren. ETZ. 1927, Heft 26. — Peucker A., Spitzenlieferung aus der Fernversorgung. ETZ. 1927, Heft 26. — Erzeugung von Spitzenstrom für großstädtische Elektrizitätsversorgung. ETZ. 1927, Heft 26. — Marguerre, Dr. Ing., Spitzendeckung, ETZ. 1927, Heft 41. — Zimmermann, Dr. Ing. W., Zur Frage der Unterteilung eines stark wechselnd belasteten Elektrizitätswerkes in Grund- und Spitzenkraftwerk. Elektrizitätswirtschaft 1928, Bd. 27.

abgeschrieben und liegen bis in das Verteilungsgebiet vorgeschoben, in den Schwerpunkten des örtlichen Verbrauches; die Spitzenenergie wird somit weder mit dem Kapitalsdienste des Kraftwerkes, noch der Fern- und Speiseleitungen belastet. Die Heranziehung der bestehenden vorgeschobenen Kraftwerke für die Spitzenversorgung kann demnach als eine willkommene Lösung der Spitzenbedeckung bezeichnet werden.

Für die deutschen Verhältnisse gewähren vorgeschobene Gaskraftwerke als Spitzenwerke besondere Vorzüge; sie können, mit einer Gasspeicherung ausgerüstet, die sonst schwer verwertbaren Koksprodukte der städtischen Gasanstalten verheizen und damit die Rentabilität der Gasanstalten verbessern. Die Gasspitzenkraftwerke dürften als Abnehmer auch für die geplante Ferngasversorgung zu einer erhöhten Bedeutung gelangen.

Für Spitzendeckung wurde in der neuesten Zeit mit besonderer Vorliebe die Speicherung von kalorischer Nachtenergie vorgeschlagen und ausgeführt. Diese gesunde Methode der Energieerzeugung hat den bedeutenden Vorteil, daß das Grundkraftwerk spezifisch höchst belastet läuft und somit unter den vorteilhaftesten Bedingungen arbeitet; auch sein Aktionsradius wird auf diese Weise erweitert. Die zugehörigen Spitzenkraftwerke müßten jedoch möglichst in den Schwerpunkten der lokalen Belastungen errichtet werden. Für die Erzeugung der Spitzen sind demnach von den Speichermethoden in erster Linie diejenigen geeignet, welche eine möglichst weitgehende Dezentralisation gestatten.

Die Dampfspeicherung ergibt für das Spitzenkraftwerk niedrige Anlagebeträge. Da jedoch diese Speicherungen mit dem Grundkraftwerke untrennbar verbunden sind, werden ihre Anlagekosten noch durch die Kosten der unterirdischen Hochspannungsspeiseleitungen, allenfalls der Fernleitungen, unter Umständen schwer belastet. Dampfspeicherungen als Spitzenkraftwerke gelangen in Verbindung mit betehenden, mit fortschreitender Energiekonzentration allenfalls stillgelegten vorgeschobenen lokalen Dampfkraftwerken zu einer erhöhten Bedeutung. Eine Dampfspeicherung dieser Art wird in großem Maßstabe von den Berliner Elektriziätswerken in Charlottenburg ausgeführt; das Charlottenburger Dampfkraftwerk wird mit 2 Stück je 20000 kW Ruths-speichern erweitert.

Aus betriebstechnischen Rücksichten können die Pumpspeicherwerke zur Aufspeicherung von kalorischer Energie vorteilhaft herangezogen werden. Da jedoch die Pumpspeicherwerke für einen Ausbau in großem Maßstabe besonders geeignet sind, wünscht man sie nach dem Muster der Großgrundkraftwerke als Großspitzenkraftwerke auszuführen. Die Anlagekosten von Großpumpspeicherwerken sind zwar niedrig, falls jedoch die Spitzenenergien auf größere Entfernungen übertragen werden, steigen die Übertragungskosten auf eine Höhe, wo die Konkurrenzfähigkeit der Pumpspeicherwerke aufhört.

Die Pumpspeicheranlagen als Spitzenkraftwerke besitzen schätzenswerte Eigenschaften, sollten jedoch in kleinen Einheiten zur Deckung der lokalen Spitzen angelegt werden; selbst in den Großstädten sollte man sie nur für eine teilweise Deckung der Spitzen ausbauen, so daß an der Spitzenerzeugung auch andere passend gelegene Werke teilnehmen können. Auf diese Weise werden die Anlagekosten so weit verringert, daß die Pumpspeicherwerke mit anderen Spitzenkraftwerken konkurrieren können. Pumpspeicherwerke wurden aufgestellt in Niederwartha bei Dresden (4 × 13000 kW) und in Herdecke an der Ruhr (4 × 22000 kW).[1]

Hydraulische Flußkraftwerke liefern unsichere Rohenergien und bedingen dabei für die ausgebaute kW-Leistung eine bedeutende Anlagesumme; sie sind daher für die Spitzendeckung nicht geeignet. Hydraulische Werke besitzen jedoch vorzügliche Betriebseigenschaften, und da mit Hilfe von Speicherung des Wassers die Ausbauleistungsfähigkeit gesichert wird und durch eine gewaltige Erhöhung der Ausbauleistungsfähigkeit sich die Anlagekosten je kW bedeutend erniedrigen lassen, können die speicherfähigen Wasserkräfte unter Umständen vorzügliche Spitzenkraftwerke abgeben.

D. Beispiele von Verbundbetrieben

Um die Rentabilität zahlenmäßig beurteilen zu können, werden wir in den Tabellen 17 bis 21 die Erzeugungskosten von Verbundbetrieben bestehend aus einem hochthermischen Dampfkraftwerk zur Erzeugung der Grundenergie und aus Spitzenkraftwerken verschiedener Typen berechnen. Die Berechnungen werden in zwei Gruppen ausgeführt; die eine enthält Verbundbetriebe, deren Grund- und Spitzenteile örtlich getrennt sind, während bei der zweiten Gruppe beide Werke in derselben Ortschaft errichtet gedacht sind. Als dritte Gruppe ist die selbständige Energieerzeugung einmal ab Grube und sodann ab Verbrauchstelle mit der Annahme berechnet worden, daß die Kosten der zwei Wahlentwürfe ab Verbrauchstelle identisch sein sollen.

Die zu erzeugende Energie soll jährlich 60000000 kWh bei einer maximalen Belastung von 20000 kW betragen. Eine wirtschaftliche Spaltung der maximalen Belastung zwischen den Grund- und Spitzenkraftwerken kann im Wege von Alternativberechnungen festgestellt werden; den Spitzenkraftwerken sollten um so größere Belastungen zugeteilt werden, je niedriger die Erzeugungskosten des Spitzenwerkes gegenüber denen des Grundkraftwerkes sind. Der Ausbau von Spitzenkraftwerken mit Speicherung kalorischer Energie wird durch das Gleichgewicht der überschüssigen kalorischen Energie mit dem Energiebedarfe der Spitzen begrenzt, wobei der Wirkungsgrad des Spitzenwerkes zu berücksichtigen ist. Im folgenden wird der Einfachheit wegen die maximale Belastung zwischen Grundkraftwerk und Spitzenkraftwerk gleichmäßig, im vorliegenden Beispiel zu je 10000 kW verteilt. Die Energie soll ab Grube mittels Braunkohle von 4000 kcal und einem Preis von 1,5 Pf/10000 kcal erzeugt und auf eine Entfernung von 200 km übertragen bzw. im

[1] Hydraulische Arbeitsspeicherung. Wasserkraft und Wasserwirtschaft, 1927, Heft 17.

Schwerpunkte des Verbrauches mit einem Kohlenpreise von 3,2 Pf/10000 kcal erzeugt werden; der Preis des Gasöles wird je 10000 kcal zu 12 Pf angenommen.

Tabelle 17. Betriebs- und Preisverhältnisse der Tabellen 18, 19, 20

Betriebsverhältnisse	Selbständiges Werk	Grundkraftwerk	Spitzenkraftwerk
Jährliche Erzeugung kWh	60000000	55000000	5000000
Maximale Belastung kW	20000	10000	10000
„ „ kVA	30000	10000	22000
Ausbau des Werkes kW	3 × 10000	2 × 10000	2 × 5000
Anlagekosten:			
Hochthermisches Kraftwerk	10600000	7500000	
Ruths-Speicheranlage			1600000
Pumpenspeicherwerk			2200000
Dieselkraftwerk			3000000
200 km Fernleitung mit Auf- und Abspannwerken	6200000	3300000	
10 km Speiseleitung mit Abspannwerken	2000000	6500000	1500000
20 km Speiseleitung mit Auf- und Abspannwerken	4000000	1400000	3000000

Preis von 10000 kcal Heizstoff:

Braunkohle von 4000 kcal, ab Grube	1,5 Pf
„ „ 4000 „ ab Kraftwerk	3,2 Pf
Gasöl von 10000 kcal ab Kraftwerk	12,0 Pf

Heizstoffverbrauch je 1 kWh bei Vollast von:

10000 kW hochthermischen Turbosatzes	4000 kcal
5000 kW Speicher-Turbosatzes	6000 „
Dieselmotoren	2600 „

E. Bedingungen von wirtschaftlichen Verbundbetrieben

Die Resultate der Tabellen 18 bis 20 sind in der Tabelle 21 in der Weise zusammengestellt, daß die Erzeugungskosten der einzelnen Gruppen, ab Verteilungsstelle, in Prozenten der selbständigen Energieerzeugung ausgedrückt erscheinen.

Aus dieser Zusammenstellung ist ersichtlich, daß zur Verminderung der Erzeugungskosten die Errichtung von besonderen Grund- und Spitzenkraftwerken nicht genügt; es muß noch eine besondere örtliche Anordnung getroffen und ein spezieller Betrieb der Werke organisiert werden. Solange die Grund- und Spitzenkraftwerke örtlich nicht getrennt errichtet werden, obwalten zwischen den Erzeugungskosten des Verbund-

Tabelle 18. Kostenberechnung der selbständigen Energieerzeugung in hochthermischen Dampfkraftwerken

Aufstellung des Kraftwerkes	Ab Kohlengrube	Ab Verbrauchstelle
Kosten von 67 000 t Braunkohle zu je 4 000 kcal	400 000	860 000
Schmier-, Putz- und Dichtungsstoffe	20 000	20 000
Personalausgaben	210 000	210 000
Verzinsung und Amortisation des Anlagekapitals	750 000	750 000
Erhaltung und Erneuerung	637 000	637 000
Verwaltungsspesen	100 000	100 000
	2 117 000	2 577 000
Kosten der elektrischen Fernübertragung	682 000	
Kosten der Speiseleitungen	220 000	440 000
Gesamtkosten der Energie ab Verteilungsgebiet RM	3 019 000	3 017 000

Tabelle 19. Kostenberechnung von örtlich nicht getrennten Verbundbetrieben

Aufstellung und Type des Spitzenkraftwerkes....	Ab Kohlengrube		ab Verbrauchstelle	
	Ruths-Speicher	Pumpen-speicher	Ruths-Speicher	Pumpen-speicher
Kosten von 75000 t Braunkohle. .	450000	450000	960000	960000
Schmier-, Putz- und Dichtungsstoffe	20000	20000	20000	20000
Personalausgaben	210000	180000	210000	180000
Verzinsung und Amortisation des Anlagekapitals	525000	525000	525000	525000
Erneuerung und Erhaltung	450000	450000	450000	450000
Verwaltungsspesen	70000	70000	70000	70000
Kosten der Grundenergie	1725000	1695000	2235000	2205000
Personalausgaben des Spitzenkraftwerkes		30000		30000
Verzinsung und Amortisation	130000	175000	130000	175000
Erneuerung, Erhaltung	90000	90000	90000	90000
Verwaltungsspesen	30000	30000	30000	30000
Kosten der Spitzenenergie	250000	325000	250000	325000
Kosten der elektrischen Fernübertragung	682000	682000		
Kosten der Speiseleitungen	220 000	220 000		
Gesamtkosten der Energie ab Verteilungsgebiet RM	2877000	2922000	2927000	2970000

betriebes und der selbständigen Energieerzeugung keine wesentlichen Unterschiede. Ein solcher zeigt sich erst bei einer örtlichen Trennung der Grund- und Spitzenkraftwerke. Die Kosten der in einem Verbundbetriebe erzeugten Energien, bestehend aus einem hochthermischen Ferngrundkraftwerke und aus einem im Schwerpunkte des Verbrauches errichteten, zur Lieferung der Blindströme gleichfalls eingerichteten Spitzenkraftwerke, ermäßigen sich bis auf 83% der Kosten der selbständigen, hochthermischen Energieerzeugung je nach der Type und Lage des Spitzenkraftwerkes. Wird jedoch eine umgekehrte Anordnung: Grundkraftwerk an der Verbrauchstelle und Spitzenkraftwerk mit Fernübertragung getroffen, dann würden sich die Kosten des Verbundbetriebes bis auf 103% der selbständigen Energieerzeugung erhöhen.

Tabelle 20. Kostenberechnung von örtlich getrennten Verbundbetrieben

Lage d. Werke: Grundkraftwerk ab =	Grube		Verteilungsstelle	
Spitzenkraftwerk ab =	Verteilungsstelle		Grube	
Type des Spitzenkraftwerkes	Pumpenspeicher	Diesel	bestehende Werke	Pumpenspeicher
Heizstoffe	450000	400000	400000	960000
Schmier-, Putz- u. Dichtungsstoffe	20000	20000	20000	20000
Personalausgaben	180000	180000	180000	180000
Verzinsung und Amortisation	525000	525000	525000	525000
Erneuerung und Erhaltung	450000	450000	450000	450000
Verwaltungsspesen	70000	70000	70000	70000
Kosten der Grundenergie	1690000	1645000	1645000	2205000
Heizstoffkosten des Spitzenkraftwerkes		240000	80000	
Personalausgaben	30000	40000	70000	30000
Verzinsung und Amortisation	175000	240000		175000
Erhaltung und Erneuerung	90000	120000	120000	90000
Verwaltungsspesen	30000	30000	30000	30000
Kosten der Spitzenenergie	325000	670000	300000	325000
Kosten der elektrischen Fernübertragung	363000	363000	363000	363000
Kosten der Speiseleitungen	220000	220000	220000	220000
Gesamtkosten der Energie ab Verteilungsort RM	2598000	2898000	2528000	3113000

Die Spaltung erweist sich somit auch zahlenmäßig als ein wirkungsvolles Mittel zur Verbilligung der Energieerzeugung in allen jenen Fällen, in denen die Grundenergie mittels Fernleitung übertragen werden soll. Die Spaltung unterstützt daher den Vorgang der fortschreitenden Energiekonzentration, indem sie ermöglicht, daß die Massen der Grundenergien in einem hochthermischen Grundkraftwerke von größter Leistungsfähigkeit konzentriert erzeugt und mittels Fernleitungen den Verbrauchszentren zugeführt werden. Demgegenüber bedingt die Spaltung eine möglichst weitgehende Dezentralisation der Spitzenerzeugung in tunlichst bis zu den Verteilungsstellen vorgeschobenen Spitzenkraftwerken; bestehende Kraftwerke sollten hierfür in erster Reihe benützt werden.

Tabelle 21. Zusammenstellung der Erzeugungskosten

Selbständige Energieerzeugung ab Grube	100%
Selbständige Energieerzeugung ab Verteilungsstelle	100%
Örtlich nicht abgetrennte Verbundbetriebe ab Grube	94 bis 96%
Örtlich nicht abgetrennte Verbundbetriebe ab Verteilungsstelle	96 bis 98%
Örtlich abgetrennte Verbundbetriebe:	
Grundkraftwerke ab Grube, Spitzenkraftwerk ab Verteilungsstelle	83 bis 95%
Grundkraftwerk ab Verteilungsstelle, Spitzenkraftwerk 200 km entfernt	103%

Die Spaltung hat in allen jenen Fällen, wo eine Schonung des zu investierenden Kapitals gefordert wird, eine erhöhte Bedeutung; aus diesem Grunde sollten unter den obwaltenden finanziellen Verhältnissen die notwendigen Erweiterungen der Elektrizitätswerke in der Weise durchgeführt werden, daß vorläufig keine kalorischen Grundkraftwerke, sondern Spitzenkraftwerke errichtet bzw. ausgebildet werden.

II. Hydraulische Energieerzeugung

1. Eigenschaften und Darstellung der Abflußverhältnisse einer Wasserkraft

Die Wasserkräfte sind bedeutende Naturschätze eines Landes. Sie haben gegenüber den Heizstoffschätzen den Vorteil, daß sie einer Erschöpfung nicht ausgesetzt sind. Sie können aber nur in Form von elektrischer Energie übertragen werden; es wäre für die Verwertung der Wasserkräfte von Bedeutung, wenn man mit ihnen transportierbare Heizstoffe erzeugen könnte.

Die hydraulische Energie ist ein Produkt von Wassermenge und Gefälle. Die technische Ausbildung der Wasserkräfte und die Bestimmung der Anlagekosten derselben sind Aufgaben des bautechnischen Entwerfens, die Festlegung des Soll-Ausbaues des Werkes und des Speicherbeckens, sowie die Bestimmung der Konkurrenzfähigkeit und des höchsten Ertrages gegenüber kalorischen Werken, kurz das Einpassen der Wasserkräfte in die Energiewirtschaft sind Aufgaben des wirtschaftlichen Entwerfens. Technische und wirtschaftliche Entwürfe sollten in inniger Zusammenarbeit angefertigt werden. In dieser Studie werden die energiewirtschaftlichen Grundlagen und Bedingungen für den Entwurf und für den Betrieb von Wasserkraftwerken behandelt bzw. entwickelt.

Vom Standpunkte des energiewirtschaftlichen Entwerfens und des Betriebes ist eine höchst charakteristische Eigenschaft der hydraulischen Energie: die Unsicherheit. Die jeweilig abfließende Wassermenge hängt von der Größe und der periodischen Änderung des Niederschlages, von der Größe, Form, Höhenlage, geographischen Lage, den Temperaturverhältnissen, von Bodenbeschaffenheit, Bepflanzung des Einzugsgebietes, von den natürlichen Speicherungen und noch von vielen, weniger einflußreichen Umständen ab. Als Resultat dieser Veränderlichen fließt das Wasser voraus nicht berechenbar in seinem Bette herunter. Es kann vorkommen, daß das Flußbett an einem Tage das absolut niedrigste Wasser und an demselben Tage eines anderen Jahres ein Hochwasser führt; es kann auch zwischen den Abflußmengen der einzelnen Jahre ein bedeutender Unterschied obwalten.

Der natürliche Abfluß wird von fremden Wasserbenützungen nachteilig beeinflußt, da eben die Mindestwassermengen dadurch gestört und beträchtlich vermindert werden. Es werden zum Beispiel Wasser für die Schiffahrt, für Trinkzwecke, für Berieselung, allenfalls auch für Kraftgewinnung entnommen; das Werk muß auch bei Anordnung mit Seitenkanälen eine gewisse Wassermenge im Flußbette belassen. Die Energieerzeugung wird weiters vom Hochwasser und von der Eisbildung gestört. Die Leistungsfähigkeit der Wasserkraft wird schließlich auch von der Änderung des Gefälles nachteilig beeinflußt; bei Werken mit niedrigen Gefällen ist der Rückstau des Unterwassers besonders nachteilig, weil dadurch das Gefälle bei Hochwasser vollkommen verschwinden kann; die Leistungsfähigkeit solcher Werke leidet somit nicht nur bei Niederwasser beträchtlich, sondern sie kann bei Hochwasser bis auf null zurückgehen. Wasserkraftwerke, die das Wasser mit seinem natürlichen Abflusse ohne eine künstliche Hemmung (Speicherung) verarbeiten, werden Laufkraftwerke genannt.

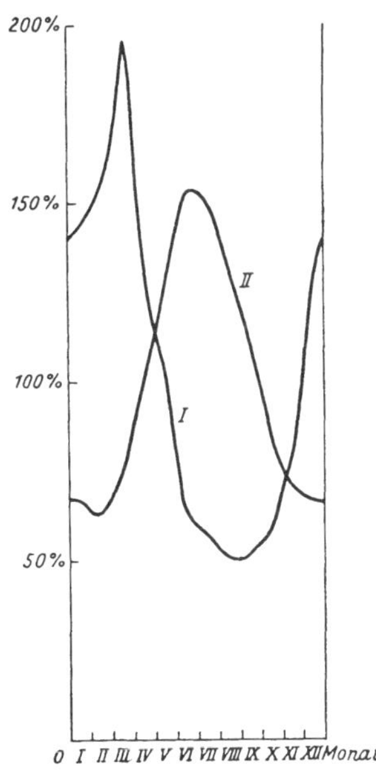

Abb. 21. Abflußverhältnisse von Mittel- und Hochgebirgsflüssen (Weser und Rhein)

Wenn man aus den zehn- bis zwanzigjährigen Beobachtungen die Mittelwerte der Abflußmengen bildet, erhält man charakteristische Linien, um welche die Abflußmengen der einzelnen Tage, Monate oder Jahre pendeln. In trockenen Jahren kämpft das hydraulische Werk mit Wassermangel, in nassen Jahren entsteht ein Überschuß an hydraulischer Energie. Das Werk muß sich mit Hilfe einer entsprechenden technischen und finanziellen Reserve über die wechselnden Jahre hinweghelfen. Um diese technische und finanzielle Aushilfe bestimmen und den Einfluß derselben auf den Ertrag des Wasserkraftwerkes beurteilen zu können, ist es notwendig, außer den zehn- bis zwanzigjährigen durchschnittlichen Abflußverhältnissen auch die Abflußverhältnisse im trockensten Jahre kennenzulernen.

In der Abb. 21 sind die monatlichen durchschnittlichen Wassermengen eines Mittel- und eines Hochgebirgflusses in der Reihenfolge der Monate dargestellt; die Abszissen sind in Prozenten der jährlichen mittleren Wassermenge ausgedrückt. Kurve I zeigt die Wasserabflußmengen der Weser einschließlich des Diemelflusses aus den Jahren 1896 bis 1915.[1] Kurve II stellt die Wasserabflußverhältnisse des Rheins bei Basel aus den Jahren 1889 bis 1922 dar;[2] die mittlere Jahresabflußmenge des Rheins war während dieser Periode 1040 m³/sek. Beide Abflußlinien haben den Verlauf einer sinusartigen Kurve, deren Höchstwert mit der Schneeschmelze und deren niedrigster Wert mit dem Anfange der Regenperiode

Momber, Regierungsbaurat, Niederschlag und Abfluß deutscher Flüsse. Deutsche Wasserwirtschaft 1928, Heft 1.

[12] Deutsche Wasserwirtschaft 1927, Heft 11.

zusammenfällt. Zufolge der Verschiebung der Höchst- und Niedrigstwerte der zwei Kurven sind die Abflußmengen des Mittelgebirgsflusses im Winterhalbjahre, die des Hochgebirgsflusses im Sommerhalbjahre größer.

Die jährlichen Abflußmengen eines Flusses bewegen sich zwischen weiten Grenzen. In der Tabelle 22 sind nach den Angaben von Gibson[1], die Regenhöhen einzelner Länder im nassesten und im trockensten Jahre — bezogen auf die Regenhöhen des Durchschnittsjahres — angegeben.

Tabelle 22. Jährliche Regenhöhen einzelner Länder

Durchschnittliche Regenhöhe b = 100	c nassestes Jahr	a trockenstes Jahr	Verhältnis a:b:c
Deutschland	139	61	1 : 1,63 : 2,25
England	145	66	1 : 1,51 : 2,2
Frankreich	161	59	1 : 1,69 : 2,72
Italien	159	55	1 : 1,82 : 2,9
Nördliche Staaten	148	61	1 : 1,64 : 2,44
Österreich	144	56	1 : 1,79 : 2,55
Vereinigte Staaten von Nordamerika	141	68	1 : 1,47 : 2,06

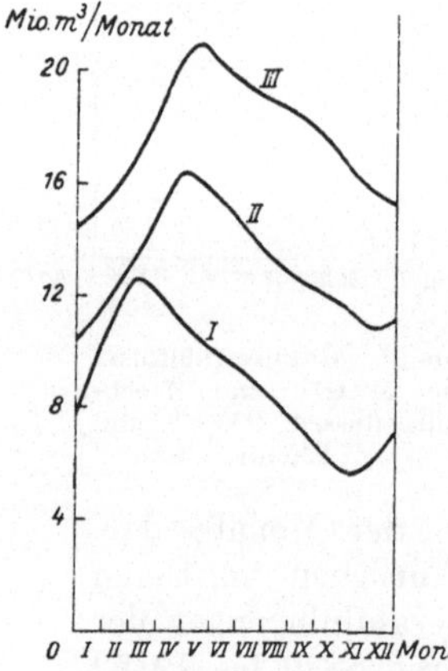

Abb. 22. Monatliche Abflußmengen des Urftflusses im trockensten, im durchschnittlichen und im nassesten Jahre der Periode 1898—1909

Aus dieser Zusammenstellung ist ersichtlich, daß die Regenhöhen und hiemit annäherungsweise auch die jährlichen Abflußmengen im nassesten, durchschnittlichen bzw. trockensten Jahre sich etwa wie $1 : 1{,}5 \div 2 : 2 \div 3$ verhalten.

Im nassesten Jahre fließt somit 2- bis 3mal so viel Wasser ab als im trockensten Jahre.

Die aus den monatlichen Mittelwerten gebildeten Jahresabflußlinien sind in den einzelnen Jahren einander mehr oder weniger ähnlich, obzwar deren Höchst- und Mindestwerte zeitlich verschoben erscheinen. In der Abb. 22 sind durch Kurven I, II, III die Abflußmengen des Urftflusses im trockensten, im durchschnittlichen und im nassesten Jahre der Periode 1898 bis 1909 dargestellt. Die Kurven wurden auf Grund der Daten von Ludins grundlegendem Buche[2] aufgezeichnet.

Zur Berechnung der Erzeugungsverhältnisse einer Wasserkraft müßten die täglichen Abflußmengen von $10 \div 20$ Jahren herangezogen

[1] Gibson A. H., Hydro-Electric Engineering. London: Blakie and Sons, 1922.

[2] Ludin, Dr. Ing. A., Die Wasserkräfte. Berlin: Julius Springer, 1913.

werden. Die täglichen Aufzeichnungen würden aber eine unübersichtliche Zickzackkurve ergeben, welche teils wegen ihrer Unübersichtlichkeit, teils deswegen zur Ingenieurberechnung ungeeignet ist, da jedes Jahr ein anderes Bild zeigt. Die Bildung von monatlichen Durchschnittswerten würde die Berechnungsweise vereinfachen. In den Durchschnittswerten verschwinden aber die individuellen Eigenschaften der Wasserkraft und es treten mehr und mehr Massenwerte in Erscheinung. Die Durchschnittsabflußmengen bestimmen die während eines Monates oder während eines Jahres abfließenden Gesamtwassermengen, sie verschweigen jedoch die niedrigsten und höchsten Wassermengen. Sie können somit zu falschen Ergebnissen führen; es kann vorkommen, daß zum Beispiel während 28 Tagen eines Monates ein Fluß 4 m^3/sek und während der restlichen zwei Tage des betreffenden Monates 200 m^3/sek Wasser führt; der durchschnittliche Abfluß im betreffenden Monate beträgt somit 17 m^3/sek. Falls das Werk zur Verarbeitung von nur 10 m^3/sek. bemessen wird, beträgt die zur Erzeugung herangezogene Wassermenge bloß 11 300 000 m^3 gegenüber der nach der Durchschnittsberechnung sich ergebenden Wassermenge von 26 000 000 m^3.

Falls die Abflußmengenkurve eines Jahres gegen die Ordinatenachse geschoben wird, bis die Spitzen derselben einander überlagernd verschwinden, dann entsteht aus den unübersichtlichen Zickzackkurven der Abflußmengen der bekannte, einfache Linienzug eines Dauerdiagrammes. Das Dauerdiagramm der Abflußmengen enthält sämtliche Abflußdiagramme eines Jahres; es ist somit ein zusammengepreßter Querschnitt des Jahresabflusses; es zeigt die Dauer einer jeden Abflußmenge während des betreffenden Jahres und die eingeschlossene Fläche die im betreffenden Jahre abfließende Gesamtwassermenge an. Nur die zeitliche Zerteilung der einzelnen Abflußmengen ist im Dauerdiagramme nicht enthalten; diese Zerteilung und die Reihenfolge der einzelnen Teilabflüsse ist aber unsicher und nicht vorausberechenbar; sie ist für den Betriebsleiter nicht greifbar und demzufolge auch nicht wichtig.

Demgegenüber erhalten wir in dem Dauerdiagramme ein übersichtliches Bild der betreffenden Wasserkraft, welches, wie wir später zeigen werden, in Verbindung mit den Belastungsdauerdiagrammen von Elektrizitätswerken vektorenartig einfache Auswertungen der energiewirtschaftlichen Probleme ermöglicht. Wir werden somit im folgenden statt der Mittelwertkurven die Dauerdiagramme zur Berechnung der abfließenden und verwertbaren Wassermengen heranziehen. Das Dauerdiagramm wird aus den Daten von 10 bis 20 Jahren aufgezeichnet; es ist selbstverständlich möglich, die Dauerdiagramme der Winter- und Sommerhalbjahre abgesondert aufzuzeichnen.

Kurve I der Abb. 23 zeigt das Dauerdiagramm des Urftflusses; es wurde auf Grund einiger Angaben von Intze aufgezeichnet.[1] Als Abszissen sind die 8760 Stunden des Jahres aufgetragen und die Ordinaten bedeuten

---

[1] Intze, Dr. O., Die geschichtliche Entwicklung, die Zwecke und der Bau der Talsperren. Berlin: Julius Springer, 1906.

die sekundlichen Wassermengen in Kubikmeter. Die größte Ordinate mißt die katastrophale Hochwassermenge und die kleinste Ordinate die niedrigste Wassermenge in m³/sek; die von dem Diagramm und den Achsen eingeschlossene Fläche bestimmt die im Durchschnittsjahre der zwanzigjährigen Periode abfließenden Wassermenge in Kubikmeter.

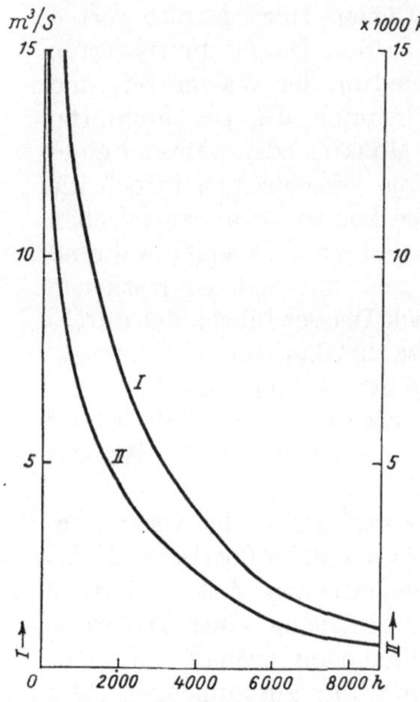

Abb. 23. Dauerdiagramme der Abfluß- und Erzeugungsverhältnisse des Urftflusses

Den folgenden Untersuchungen über Laufkraftwerke werden in erster Reihe die Dauerdiagramme der 10- bis 20jährigen Abflußmengen zugrundegelegt, während bei den Untersuchungen über Speicherkraftwerke die monatlichen Abflußmengen des trockensten Jahres eine entscheidende Rolle spielen werden; die hiebei gewonnenen Ergebnisse weisen auch darauf hin, daß für die Lösung der energiewirtschaftlichen Probleme von hydraulischen Werken die Kenntnis dieser Abflußverhältnisse unentbehrlich ist. Es ist somit bedauerlich, daß diese Zahlen in der Literatur nicht systematisch angeführt werden; sie fehlen auch zum Beispiel in dem mit der größten Sorgfalt zusammengestellten, hochinteressanten Buche über die schweizerischen Wasserkraftwerke.[1]

2. Elemente der hydraulischen Energieerzeugung

A. Erzeugbare hydraulische Energie

Die mit Q m³/sek Wassermenge und einem Nettogefälle von h m erzeugbare Leistung ist gleich $\frac{Q \times h \times 1000}{75} \times \eta_1 \times \eta_2 \times 0{,}736$ kW.

Mit einem Wirkungsgrade der Turbinen von $\eta_1 = 0{,}75$ und mit dem des direkt gekuppelten Generators von $\eta_2 = 0{,}92$ ergibt sich die Leistung rund $\frac{10 \times Q \times h}{1{,}5}$ kW.

Wenn das Gefälle des hydraulischen Werkes unveränderlich ist, sind die Abflußmengen der erzeugten Energie proportional; mit einem konstant gedachten Gefälle von 90 m stellt die Kurve II der Abb. 23 das Leistungsdauerdiagramm der Wasserkraft dar. Die von Kurve II

[1] Führer durch die Schweizerische Wasserwirtschaft. Selbstverlag des Schweizerischen Wasserwirtschaftsverbandes, Zürich.

und der Abszissenachse eingeschlossene Fläche stellt die jährlich erzeugbare Energiemenge, im vorliegenden Falle 26800000 kWh dar.

Das Nettogefälle von Niederdruckanlagen vermindert sich infolge eines Rückstaues des Unterwassers unter Umständen bedeutend; in solchen Fällen ist das Leistungsdiagramm unter Berücksichtigung der jeweiligen Gefälle abzuändern.

Zur Versorgung Wiens mit hydraulischer Energie wurde unter anderen ein Plan ausgearbeitet, demgemäß die Donau oberhalb der Ybbsmündung mit einem Stauwehr abgesperrt wird;[1] das Turbinenhaus ist unmittelbar am Stauwehr geplant. Kurve I der Abb. 24 zeigt das Abflußdiagramm der Donau und Kurve II die Gefällsverhältnisse beim Kraftwerke. Aus Kurve I und II wurde Kurve III, das Leistungsdiagramm der Wasserkraft, berechnet. Kurven IV, V, VI und VII schneiden von dem Diagramme III die Teile ab, welche einem Ausbau zur Verarbeitung einer Höchstwassermenge von 1000, 1500, 2000 bzw. 3000 m³/sek entsprechen; die bezüglichen Höchstleistungsfähigkeiten des geplanten Werkes sind mit *A*, *B*, *C* bzw. *D* bezeichnet. Die Diagramme sollten noch unter Berücksichtigung der jeweiligen Turbinenwirkungsgrade bei veränderlichen Gefällen richtiggestellt werden.

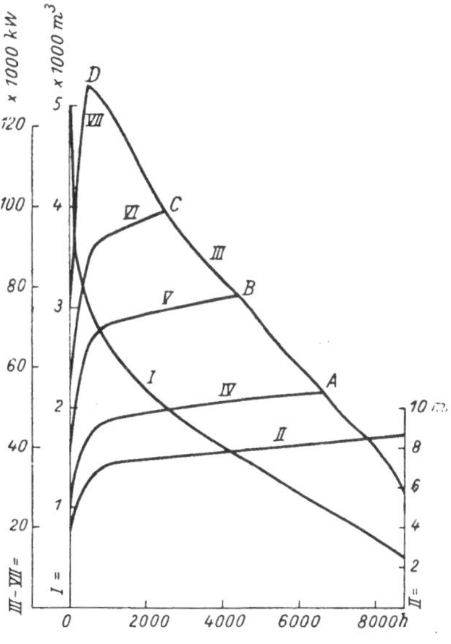

Abb. 24. Abfluß- und Erzeugungsverhältnisse eines Donaukraftwerkes

Die jährlich erzeugbare Energie des hydraulischen Werkes wird durch Planimetrierung der von den Diagrammen IV, V, VI bzw. VII eingeschlossenen Flächen erhalten. In den meisten Fällen wünscht man die bei verschiedenen Ausbauten jährlich erzeugbare hydraulische Energie aus einem linearen Diagramme direkt ablesen zu können. Zu diesem Zwecke werden die linearen Leistungsdiagramme in Abhängigkeit von dem Ausbau der Wasserkraft entwickelt; die von dem Leistungsdauerdiagramme eingeschlossene Fläche wird dementsprechend planimetriert und die kWh-Leistungen als Ordinaten in Abhängigkeit von den zugehörigen kW-Ausbauten aufgetragen. Hiedurch entsteht das lineare Leistungsdiagramm I der Abb. 25.

Aus Kurve I der Abb. 25 kann bei jedem Ausbau des Werkes dessen spezifische Belastung berechnet werden; es werden zu diesem Zwecke die Ordinaten der Kurve I durch die zugehörigen Abszissen dividiert. Auf diese Weise ergibt sich Kurve II; bei niedrigen Ausbauten kann man

[1] Höhn O., Donaukraftwerk Persenbeug. Die Wasserwirtschaft 1927, Heft 14.

mit jedem ausgebauten Kilowatt jährlich etwa 8000 kWh erzeugen; mit der Vergrößerung des Ausbaues fällt die spezifische Belastung gemäß Kurve II der Abb. 25 bis auf 6000 kWh/kW.

B. Anlagekosten von Wasserkraftwerken

Kalorische Kraftwerke wurden mit der Zeit so weit vereinheitlicht, daß deren Anlagekosten aus der Leistungsfähigkeit mit großer Annäherung bestimmt werden können. Wie aus der Abb. 13 ersichtlich, sind die Anlagekosten des ausgebauten Kilowatt von kalorischen Werken um so niedriger, je größer die Leistungsfähigkeit des Werkes ist. Bei Wasserkraftwerken ist diese Tendenz der Preisgestaltung ebenfalls zu erkennen; dennoch findet man kleinere hydraulische Werke, deren Kilowatt-Leistungsfähigkeit niedrigere Anlagekosten erfordert hat als die von Großwasserkraftwerken. Nach dem „Führer durch die Schweizerische Wasserwirtschaft" hat das im Jahre 1899 ÷ 1904 gebaute Wasserkraftwerk Wangen an der Aare, welches bei einem Gefälle von 7 ÷ 9 m auf 7000 kW ausgebaut wurde, 11200000 Schw. Fr. gekostet; demgegenüber betragen die Anlagekosten des im Jahre 1899 ÷ 1904 erbauten Felsenauwerkes an der Aare, welches bei einem Gefälle von 12 ÷ 14 m ebenfalls 7000 kW leisten kann, nur 3000000 Schw. Fr. Die Anlagekosten von Wasserkraftwerken sind von den Vorbereitungsarbeiten der Natur abhängig, so daß eine jede Wasserkraft individuell zu betrachten und auf Grund von Aufnahmen zu veranschlagen ist. Ein weiteres Hindernis der Vereinheitlichung der Anlagekosten von hydraulischen Werken besteht darin, daß die Investitionskosten der ausgebauten Kilowatt selbst bei einem und demselben Werke um so niedriger ausfallen, auf je größere Wassermenge das betreffende Werk ausgebaut wird. Aber gerade diese Festlegung gibt einen Anhaltspunkt dafür, um statt einer Investitionslinie, welche für sämtliche Wasserkraftwerke gültig sein sollte, für jede Wasserkraft eine besondere, von dem Ausbau der betreffenden Wasserkraft abhängige Investitionslinie aufzuzeichnen.

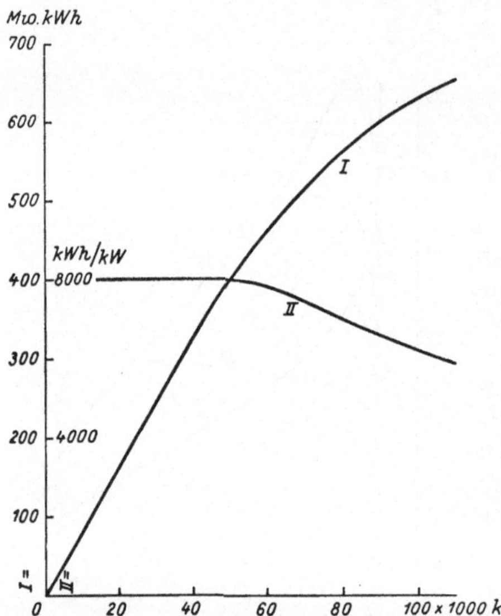

Abb. 25. Erzeugungs- und Belastungsverhältnisse eines Donaukraftwerkes

Die Linie der Gesamtanlagekosten von kalorischen Werken wird in Abhängigkeit von der Größe des Werkes — wie aus Abb. 13 ersichlich — durch die parabelartige Linie I bzw. II dargestellt; diese Linien schwenken in den Anfangspunkt des Koordinatensystems ein. Jede kürzere oder längere Strecke dieser Kurve der Gesamtinvestitionen kann als eine Gerade aufgefaßt werden.

Eine geradlinige Beziehung zwischen der Investition für ein hydraulisches Kraftwerk und seiner Ausbaugröße ist umso zulässiger, als die Linie nicht in den Anfangspunkt des Koordinatensystems einschwenkt, sondern von der Ordinatenachse eine gewisse Länge abschneidet; der Fehler bei geradliniger Beziehung kann somit selbst bei geringem Ausbau vernachlässigt werden. Da eine geradlinige Darstellung der Anlagekosten eines hydraulischen Werkes in Abhängigkeit von dessen Ausbau die energiewirtschaftlichen Berechnungen bedeutend zu vereinfachen vermag, werden wir in den folgenden Betrachtungen die Investitionslinie eines Wasserkraftwerkes durchwegs als Gerade darstellen.

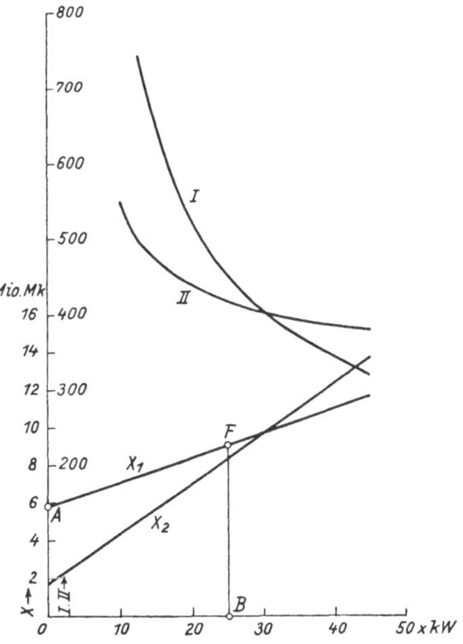

Abb. 26. Anlagekosten von Wasserkraftwerken in Abhängigkeit von der Ausbaugröße

Die Gerade wird durch zwei Punkte bestimmt; es genügt somit die Errechnung der Anlagekosten zweier verschiedener Ausbaustufen der betreffenden Wasserkraft. Wird die Investitionslinie X_1 der Abb. 26 verlängert, dann schneidet sie von der Ordinatenachse die Länge $\overline{OA}$ ab, Die Gleichung der Investitionslinie lautet somit $\overline{BF} = \overline{OA} + a \times N$, wobei $\overline{BF}$ die Anlagekosten des Werkes bei einem Ausbau von $\overline{OB} = N$ kW, $\overline{OA}$ einen konstanten Betrag bedeutet und a ein konstanter Faktor ist. Da die Linie der gesamten Anlagekosten eine Gerade ist, so folgt daraus, daß die Investitionskosten der ausgebauten Kilowatt-Leistungsfähigkeit, in Abhängigkeit von den Ausbaugrößen, sich auf der Hyperbel I bewegen.

Die Konstante $\overline{OA}$ bestimmt den Abstand der Investitionslinie von der Abszissenachse; von der Konstanten a hängt die Neigung der Linie zur Abszissenachse ab; je kleiner a ausfällt, um so flacher verläuft die Investitionslinie.

Um ein Beispiel für die Bestimmung der Investitionslinie zu geben, seien hier die Anlagekosten des Uppenborn-Kraftwerkes der Stadt München, sowie die der Urfttalsperre im Rheinland bei zwei verschiedenen Ausbaustufen wie folgt vorgeführt:

Uppenbornwerk — Ausbau	2200 kW	4000 kW
Anlagekosten	Mk	
Wehranlage	870000	870000
Kanal mit Einlaßbauwerk	450000	650000
Tief- und Hochbauten des Kraftwerkes	470000	800000
Maschinen und Generatoren	210000	380000
Wasserrecht	280000	280000
Sonstige Spesen	140000	180000
Gesamtanlagekosten	2420000	3160000

Die Gleichungen der Investitionslinie lauten somit:

$$2420000 = \overline{OA}_1 + 2200 \times a_1$$

$$3160000 = OA_1 + 4400 \times a_1$$

Die Lösung dieser Gleichungen ergibt:

$$\overline{OA}_1 = 1680000 \text{ Mk und } a_1 = 335 \text{ Mk.}$$

Die Investitionskosten der Urfttalsperre stellen sich bei einem Ausbau auf 8000 bzw. 16000 kW wie folgt:

Urftkraftwerk — Ausbau	8000 kW	16000 kW
Anlagekosten	Mk	
Talsperre	4800000	4800000
Stollen	960000	1400000
Druckrohrleitung	250000	450000
Turbinenhaus	300000	500000
Turbinen und Generatoren	600000	1000000
Sonstige Spesen	250000	300000
Gesamtanlagekosten	7160000	8450000

Aus diesen Beträgen ergibt sich $\overline{OA}_2 = 5870000$ Mk und $a_2 =$ 161 Mk.

Die Linien der Anlagekosten beider Wasserkräfte sind in der Abb. 26 in Abhängigkeit von den Ausbaugrößen aufgetragen. Linie X_2 bezieht sich auf das Uppenbornwerk, Linie X_1 auf die Urfttalsperre. Daraus ersieht man, daß die Kostenlinie des Urftwerkes bedeutend flacher verläuft, als die des Uppenbornwerkes; nachdem weiters der Wert von $\overline{OA}$ bei dem Urftwerke wesentlich größer ist als bei dem Uppenbornwerke, müssen die zwei Linien einander schneiden; bei Ausbauten unter dem Schnittpunkte der zwei Linien sind die Kosten des Urftwerkes, über dem Schnittpunkte die des Uppenbornwerkes größer.

Die Gleichung der Anlagekosten der ausgebauten kW lautet $\frac{\overline{BF}}{N} = \frac{\overline{OA}}{N} + a$. Demgemäß bewegen sich die Anlagekosten der ausgebauten kW in Abhängigkeit von den Ausbauten der Wasserkraft auf einer Hyperbel I bzw. II, deren Abszissenachsen gegen die Abszissenachse $O - O$ um a_1 bzw. a_2 verschoben sind. Der Anteil a der Kostenlinie des kW-Ausbaues ist von der Größe des Ausbaues unabhängig, der Anteil $\frac{OA}{N}$ — auch Regieanteil genannt — kann aber durch eine Vergrößerung des Ausbaues vermindert werden. Die auf das ausgebaute kW entfallenden Anlagekosten hängen somit von der Größe des Ausbaues ab; als Grenzwert für die Kosten des Ausbau-kW, gilt der Wert a. Um somit für das ausgebaute kW einer Wasserkraft niedrige Anlagekosten zu erhalten, sollte einerseits a niedrig ausfallen, anderseits der Ausbau um so höher getrieben werden, je größer $\overline{OA}$ ist. Einen niedrigen Wert von a und einen hohen Wert von $\overline{OA}$ besitzen Hochdruckwerke, sowie Werke, deren Gefälle mittels Stauung gebildet wird. Bei Werken dieser Art ergeben sich bei niedrigen Ausbauten hohe Beträge für das Ausbau-kW; demgegenüber erniedrigen sich die Anlagekosten hiefür bei diesen Werken mit der Erhöhung des Ausbaues rasch. Wasserkraftwerke mit niedrigen Wehren und mit Seitenkanälen von großen Abmessungen haben einen kleinen Wert von $\overline{OA}$ und einen hohen Wert von a, so daß unter Umständen deren Investitionslinie beinahe in den Anfangspunkt des Koordinatensystems lauft; solche Werke weisen bei niedrigen Ausbauten niedrige Beträge für das Ausbau-kW auf; mit der Erhöhung des Ausbaues werden sie teurer, als Werke, deren Investitionslinie flach verläuft. Zur Versorgung Wiens mit hydraulischer Energie wurde auch ein Donaukraftwerk vorgeschlagen, bei dem $600 \div 800\ m^3$ Wasser ohne ein Wehr auszubauen der Donau entnommen und in einem Seitenkanal dem zu erbauenden Werke zugeführt werden sollen[1]. Bei diesem projektierten Werk ergibt sich für OA ein sehr niedriger Wert, so daß die Investitionslinie beinahe in den Anfangspunkt des Koordinatensystems läuft.

Die Erzeugungskosten der hydraulischen Energie stellen sich aus der Verzinsung und Amortisation des investierten Kapitals, aus den Erhaltungs- und Erneuerungsspesen der Einrichtungen, sowie aus den Personal- und Verwaltungsausgaben zusammen. Hydraulische Werke sind im Betriebe einfacher als kalorische; sie verlangen ein kleineres und weniger geschultes Personal, bedeutend niedrigere Ausgaben für Reparatur, Erhaltung, Erneuerung, sowie für Schmier- und Putzstoffe, als kalorische Werke. Die Erzeugungskosten eines hydraulischen Werkes stellen sich deswegen hauptsächlich aus dem Dienste der Anlagekosten etwa wie folgt zusammen: Verzinsung und Amortisation 7%, Personal, Erhaltungs- und Erneuerungsspesen 3%, zusammen rund 10% des Anlagekapitals. In

[1] Bertschinger O., Donaukraftwerke im Tullnerfelde. Die Wasserwirtschaft 1927, Heft 14.

den folgenden Untersuchungen werden wir dementsprechend als Erzeugungskosten von hydraulischen Werken rund 10% der Anlagekosten in Rechnung stellen.

3. Beurteilung der Ertragsaussichten einer Wasserkraft

A. Wirtschaftlichster Ausbau

Die Kosten der erzeugbaren kWh eines Wasserkraftwerkes werden aus den Erzeugungskosten und aus den erzeugbaren kWh gebildet. In der Abb. 27 sind die Betriebsdiagramme des Urftkraftwerkes aufgezeichnet.

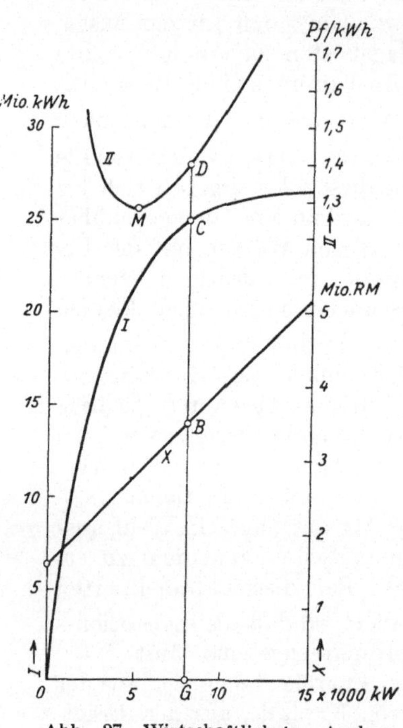

Abb. 27. Wirtschaftlichster Ausbau des Urftlaufwerkes

Kurve I repräsentiert das lineare Leistungsdiagramm, somit die erzeugbaren kWh in Abhängigkeit vom Ausbau des Werkes. Dieses Diagramm ist durch eine schichtenweise Planimetrierung der von der Kurve II der Abb. 23 eingeschlossenen Fläche entstanden. Kurve X zeigt die Investitionslinie des Urftlaufkraftwerkes, den heutigen Preisverhältnissen angepaßt. Linie X der Abb. 27 wurde aus der Kostenlinie X_1 der Abb. 26 in der Weise abgeleitet, daß aus den Anlagekosten jene der Talsperre in der Höhe von 4800000 Mk gestrichen wurden, so daß die Konstante $\overline{OA}$ auf

$$5870000 - 4800000 = 1070000 \text{ Mk}$$

sinkt. Um die Investitionsverhältnisse auf die heutigen Preisverhältnisse umzurechnen, wurden die Konstanten $\overline{OA}$ und a um 50% erhöht; hiermit ergeben sich $\overline{OA} = 1600000$ RM und $a = 240$ RM.

Wird das Werk auf $\overline{OG} = 8000$ kW Leistungsfähigkeit ausgebaut, dann betragen die Betriebskosten der erzeugbaren kWh $f = \frac{0{,}01\, \overline{GB}}{\overline{GC}} \times 0{,}1 = 1{,}4$ Pf. Dieser Betrag ist in der Abbildung in einem eigenen Maßstabe mit Ordinate GD bezeichnet. Nach einer punktweisen Berechnung aus den Kurven X und I erhalten wir die Kurve II als das Kostendiagramm der erzeugbaren kWh in Abhängigkeit von den Ausbauten des Werkes. Das Kostendiagramm II besitzt bei M einen Kleinstwert entsprechend demjenigen Ausbau der Wasserkraft — in diesem Falle 5000 kW — bei welchem die kWh mit dem niedrigsten Kostenaufwande erzeugt werden kann; wird das Werk kleiner oder größer ausgebaut, so erzeugt es die kWh in beiden Fällen mit einem höheren Kostenaufwande. Der Ausbau, bei welchem hinsichtlich der Kosten der erzeugbaren kWh der Kleinstwert erreicht wird, wird im folgenden wirtschaftlichster Ausbau der betreffenden Wasserkraft genannt.

Man pflegt in der Praxis Wasserkräfte auf Grund der Anlagekosten des ausgebauten kW zu vergleichen. Diese Art der Beurteilung von Wasserkräften ist aber unrichtig, denn die Anlagekosten des kW-Ausbaues stellen — wie es aus Kurve I und II der Abb. 26 ersichtlich ist — eine veränderliche Größe dar, welche vom Ausbau der betreffenden Wasserkraft abhängt. Dieser in der Praxis eingebürgerte Vorgang war solange richtig, als die Wasserkräfte auf gleichen Grundlagen — zur Verarbeitung der neunmonatigen Wassermengen — gebaut wurden; seitdem aber Wasserkraftwerke bedeutend höher ausgebaut werden, kann es zu schweren Mißverständnissen führen.

Wasserkräfte werden im allgemeinen zu dem Zwecke ausgebaut, um billige hydraulische Energie zu liefern; hiezu sind Wasserkräfte umso geeigneter, je niedriger sich die Investitionskosten der erzeugbaren kWh stellen. Wenn man daher zu energiewirtschaftlichen Zwecken die charakteristischen Eigenschaften einer Wasserkraft bezeichnen will, sollte man dazu beide Veränderliche: Investitionskosten und Wasserabflußverhältnisse, somit die Kosten der erzeugbaren kWh heranziehen. Den Anhaltspunkt für einen Vergleich auf dieser Grundlage bietet uns der wirtschaftlichste Ausbau; er wird durch beide Faktoren, die Anlagekosten und die erzeugbaren kWh bestimmt; er bezeichnet einen und nur einen Ausbau, welcher unter allen anderen Ausbaugrößen den Vorzug besitzt, daß er die kWh mit den niedrigsten Kosten zu erzeugen vermag. Der wirtschaftlichste Ausbau ist somit für die betreffende Wasserkraft charakteristisch.

Zur Bestimmung des wirtschaftlichsten Ausbaues einer Wasserkraft ist es nicht notwendig, die Kosten der erzeugbaren kWh punktweise zu berechnen und die Kurve II der Abb. 27 aufzuzeichnen. Er kann auch aus dem linearen Leistungsdiagramm und aus der Investitionslinie der Wasserkraft auf einfache Weise wie folgt konstruiert werden.

In der Abb. 28 zeigt Kurve I das lineare Leistungsdiagramm und Kurve X die Kostenlinie des Urftlaufkraftwerkes in Abhängigkeit vom Ausbau der Wasserkraft. Kurve II ist das Diagramm der Erzeugungskosten der kWh mit dem wirtschaftlichsten Ausbau M. Linie X wurde bis zur Abszissenachse verlängert und der Schnittpunkt mit F bezeichnet; von Punkt F wurde dann an die Linie I die Tangente t gezogen und der Berührungspunkt mit N bezeichnet. Es ist geometrisch leicht zu beweisen, daß der Berührungspunkt N den wirtschaftlichsten Ausbau des Werkes bezeichnet. Falls somit das lineare Leistungsdiagramm und die Kostenlinie einer Wasserkraft angegeben sind und die Kostenlinie bis zur Abszissenachse verlängert wird, bezeichnet der Berührungspunkt der aus diesem Schnittpunkte gezogenen Linie und des Leistungsdiagrammes den wirtschaftlichsten Ausbau der betreffenden Wasserkraft, bei welchem die kWh mit dem niedrigsten Kostenaufwande erzeugt werden kann.

Diese einfache Konstruktion ermöglicht es, den Einfluß der Anlagekosten auf den wirtschaftlichsten Ausbau näher zu untersuchen. Der Berührungspunkt verschiebt sich auf der Leistungslinie I gegen höheren Ausbau um so mehr, je flacher die Investitionslinie X verlauft. Flache Investitionslinien besitzen — wie früher erwähnt — Hochdruckwasserkräfte, sowie Wasserkräfte, deren Gefälle durch Stauung des Wassers gebildet wird; die Investitionslinien von Mitteldruckwerken mit langen Seitenkanälen verlaufen steiler. Demgemäß liegt der wirtschaftlichste Ausbau von Hochdruckwerken höher, somit bei bedeutend kurz andauernden Wassermengen, als der von Hochdruckwerken. Die Ausbaugröße kann statt mit der Dauer der Abflußmengen gemäß Kurve III der Abb. 28 mit dem spezifischen Energieinhalte, somit mit der auf 1 kW Ausbau entfallenden Energiemenge in kWh bezeichnet werden. Der spezifische Inhalt des wirtschaftlichsten Ausbaues von Hochdruckwerken, sowie von Niederdruckwerken, deren Gefälle durch Stauung gebildet wird, liegt etwa zwischen 5500 ÷ 6500 kWh/kW, so daß ein jedes kW des wirtschaftlichsten Ausbaues 5500 ÷ 6500 kWh erzeugen kann; der spezifische Inhalt des wirtschaftlichsten Ausbaues von sonstigen Wasserkraftwerken steigt auf 7000 ÷ 8000 kWh/kW, so daß ein jedes kW des wirtschaftlichsten Ausbaues 7000 ÷ 8000 kW erzeugen kann. Diese Eigenschaften der Wasserkraftwerke können bei der Vorausberechnung der zulässigen höchsten Anlagekosten einer Wasserkraft nützlich herangezogen werden.

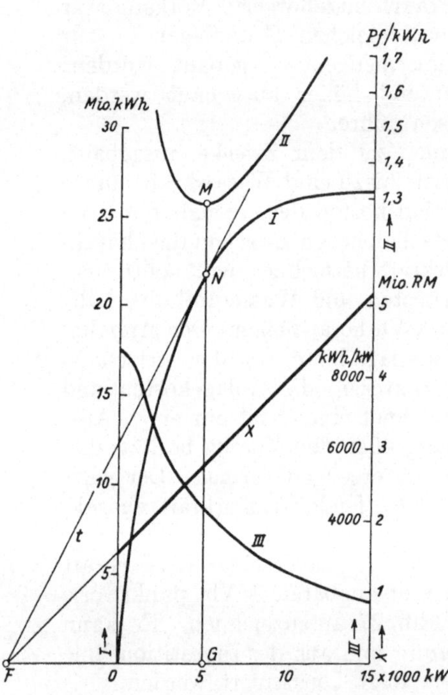

Abb. 28. Konstruktive Bestimmung des wirtschaftlichsten Ausbaues einer Wasserkraft

B. Der hydrokalorische Faktor

Der wirtschaftlichste Ausbau einer Wasserkraft bezeichnet die Ausbaugröße, bei welcher sie die kWh mit dem niedrigsten Kostenaufwande erzeugen kann; die Wasserkraft, deren Erzeugungskosten bei dem wirtschaftlichsten Ausbaue niedriger ist, erscheint somit billiger, als eine andere Wasserkraft mit höheren Erzeugungskosten. Diese Feststellung allein bildet aber noch keine Sicherstellung für einen höheren Ertrag der billiger erscheinenden Wasserkraft.

Die hydraulische Energie besitzt einen relativen Wert. Als Maß zur Beurteilung der Marktlage der hydraulischen Energie dient die kalorisch erzeugte Energie; nur im Wege eines Vergleiches mit den Kosten der kalorischen Energieerzeugung kann entschieden werden, ob eine Wasserkraft aus Rücksichten der Energiewirtschaft ausbauwürdig ist oder nicht. Die Erzeugungskosten der kWh der kalorischen Energie hängen aber von der Preislage des Heizstoffes ab; die Ertragsaussichten und die Konkurrenzfähigkeit einer Wasserkraft sind somit weit von Kohlengruben entfernt größer als im Gebiete derselben. Ein hochthermisches Dampfkraftwerk von 10000 kW Höchstbelastung erzeugt die kWh an der Kohlengrube bei einem Kohlenpreise von 1,5 Pf/10000 kcal um etwa 4,3 Pf; in einer Entfernung von 500 km von Kohlengruben betragen die Kohlenpreise etwa 4 Pf/10000 kcal und hiemit erhöhen sich die Kosten der kWh auf etwa 5,6 Pf. Eine Wasserkraft, welche von den Kohlengruben weit entfernt gegenüber den 5,6 Pf betragenden Erzeungskosten eines hochthermischen Dampfkraftwerkes an der Grenze der Konkurrenzfähigkeit steht, wäre demgemäß im Gebiete von Kohlengruben nicht mehr ausbauwürdig.

Die Kostenlage der hydraulischen Energie muß somit noch mit jener der kalorischen Energie verglichen werden. Zu einem solchen Vergleich sind die Betriebsverhältnisse des wirtschaftlichsten Ausbaues um so mehr geeignet, als der wirtschaftlichste Ausbau die niedrigsten Erzeugungskosten der betreffenden Wasserkraft bedeutet und auf einem einfachen konstruktiven Wege eindeutig bestimmt werden kann.

Die Erzeugungsverhältnisse der Wasserkraft sind somit noch mit der Kostenlage der kalorischen Energie zu vergleichen; zu diesem Zwecke werden die Erzeugungskosten eines kalorischen Werkes berechnet, welches bei einer dem wirtschaftlichsten Ausbau entsprechenden Höchstbelastung die jährliche Energiemenge des wirtschaftlichsten Ausbaues zu erzeugen hat. Das kalorische Werk ist hierbei mit einer Reserve von 50% zu berechnen. Kostet die beim wirtschaftlichsten Ausbau der Wasserkraft erzeugbare kWh h Pf und die der kalorischen Energie k Pf, dann bezeichnet das Verhältnis h : k die gegenseitige Kostenlage der zwei Energiearten. Dieses Verhältnis soll im folgenden hydrokalorischer Faktor genannt werden.

Der hydrokalorische Faktor enthält außer den Abfluß- und Investitionsverhältnissen der Wasserkraft auch die Preislage der konkurrierenden kalorischen Energie im Absatzgebiete der betreffenden Wasserkraft; seine Kenntnis gibt somit die Möglichkeit, daraus die Konkurrenzfähigkeit und die Ertragsaussichten einer Wasserkraft gegenüber der kalorischen Energieerzeugung beurteilen zu können. Der hydrokalorische Faktor einer Wasserkraft hängt vom Preise der Heizstoffe ab; er liegt im allgemeinen zwischen 0,1 und 1; der Erzeungspreis der hydraulischen Energie beträgt somit 10 ÷ 100% der Kosten der unter gleichen Belastungsverhältnissen erzeugten kalorischen Energie. Im Durchschnitte liegt der hydrokalorische Faktor zwischen 0,2 und 0,4.

Gemäß Abb. 28 leistet das Urftlaufkraftwerk bei seinem wirtschaftlichsten Ausbau von 5000 kW jährlich rund 22000000 kWh. Es soll nun der hydrokalorische Faktor dieser Wasserkraft bei einem Kohlenpreise von 3 Pf und wahlweise von 1,5 Pf berechnet werden. Zur Bestimmung des hydrokalorischen Faktors sind die jährlichen Erzeugungskosten eines kalorischen Kraftwerkes zu berechnen, welches bei einer Höchstbelastung von 5000 kW jährlich 22000000 kWh zu erzeugen hat.

Tabelle 23. Berechnung des hydrokalorischen Faktors des Urftwerkes

Kohlenpreis je 10000 kcal. Pf.	3	1,5
Höchstbelastung des kalorischen Werkes..... 5000 kW.		
Jahreserzeugung „ „ „ ...22 Mill kWh		
Ausbau „ „ „ .... 7500 kW.		
Anlagekosten des kalorischen Werkes (Kurve 2 der Abb. 13)... 3100000 RM		
Wärmeverbrauch bei Vollast (Kurve II, Abb. 12) 4600 kcal/kWh		
Kohlenkosten von 1 kWh bei Vollast Pf.	1,38	0,69
Kohlenkosten von 1 Stunde Leerlauf RM.	11,0	5,5
Wirkkohlenkosten von 1 kWh Pf.	1,16	0,58
Jahresausgaben:	RM	RM
Kohlenkosten für Leerlauf	97000	48500
Wirkkohlenkosten	255000	127500
Schmier-, Putz- und Dichtungsstoffe	17500	17500
Personalausgaben	154000	154000
Verzinsung, Amortisation, Erhaltung, Erneuerung	402000	402000
Verwaltungsspesen	43000	43000
Jährliche Ausgaben für die kalorische Erzeugung	968500	792500
Jährliche Ausgaben für die hydraulische Erzeugung	280000	280000
Hydrokalorischer Faktor	29%	35,5%

Der hydrokalorische Faktor des Urftwerkes beträgt somit bei einem Kohlenpreise von 3 Pf/10000 kcal 29%; er erhöht sich bei einem Kohlenpreise von bloß 1,5 Pf/10000 kcal auf 35,5%.

Es sei noch der hydrokalorische Faktor des im Jahre 1920 erbauten Niederdruckwerkes Eglisau der Nordostschweizerischen Kraftwerke A. G. berechnet. Die Anlagekosten des Werkes werden gemäß „Führer durch die Schweizerische Wasserwirtschaft“ bei einem Ausbau von 28000 kW folgenderweise zusammengestellt:

Ausbau des Werkes kW	28000	14000
	Fr	Fr
Liegenschaften und Konzessionen	1790000	1790000
Gebäude und Wasserkraftanlage	24471000	23000000
Turbinenanlage	3171000	1700000
Elektrische und maschinelle Anlage	7638000	4000000
Gesamtanlagekosten	37070000	30490000

Aus den Anlagekosten wurden auf Grund einer Schätzung die Kosten bei einem Ausbau von 14000 kW zusammengestellt. Die Gleichungen der Investitionslinie lauten:

$$37070000 = A + 28000 \times a$$
$$30490000 = A + 14000 \times a$$

Aus diesen Gleichungen ergibt sich

$$a = 470 \text{ Fr und } A = 23\,910000 \text{ Fr.}$$

Auf Grund der Angaben der Mittel der monatlichen mittleren Abflußmengen des Rheins bei Reckingen ergibt sich das angenäherte Abfluß-

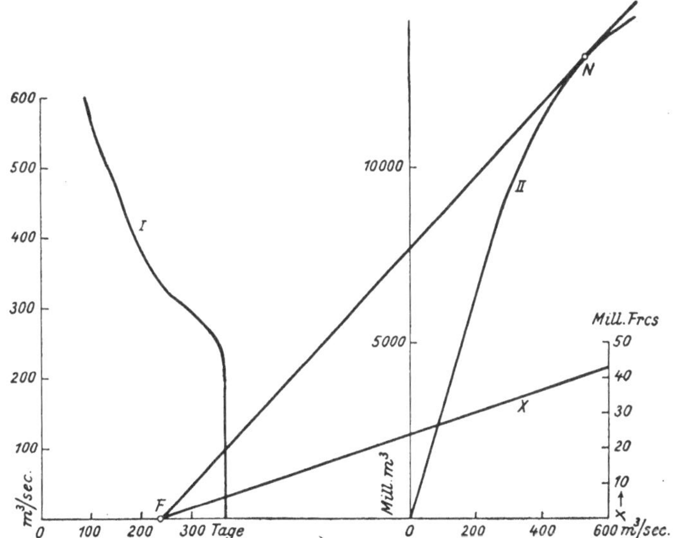

Abb. 29. Bestimmung des wirtschaftlichsten Ausbaues des Eglisauwerkes

dauerdiagramm gemäß Kurve I der Abb. 29. Durch Planimetrierung erhält man das lineare Abflußdiagramm II derselben Abbildung. Linie X zeigt die Investitionslinie, deren Verlängerung die Abszissenachse bei F schneidet. Die aus F gezogene Tangente gibt den Berührungspunkt N, welcher den wirtschaftlichsten Ausbau der Wasserkraft darstellt. Der wirtschaftlichste Ausbau wird daher bei einem Wasserabflusse von 525 m^3/sek erhalten; bei einem durchschnittlichen Gefälle von rund 10 m ergibt sich hieraus für den wirtschaftlichsten Ausbau eine Leistungsfähigkeit von 35000 kW und eine Jahresenergie von 230000000 kWh.

Die Investitionskosten des Kraftwerkes betragen bei diesem Ausbau gemäß Kurve X der Abb. 28 40500000 Fr. und die Jahreskosten als 10% der Anlagekosten 4050000 Fr.

Es sollen nun die Kosten berechnet werden, für den Fall, wenn 230000000 kWh bei einer Höchstbelastung von 35000 kW kalorisch erzeugt werden sollten. Der Kohlenpreis beträgt ab Eglisau etwa

5,8 ctm/10000 kcal. Die Erzeugungskosten dieses Vergleichswerkes sind in der Tabelle 24 zusammengestellt.

Tabelle 24. Berechnung des hydrokalorischen Faktors des Eglisauwerkes

Kohlenpreis je 10000 kcal ctm 5,8
Höchstbelastung des kalorischen Werkes 35000 kW
Jahreserzeugung 230 Millionen kWh
Ausbau des kalorischen Werkes 52000 kW
Anlagekosten des kalorischen Werkes (Kurve 2 der Abb. 13) 21000000 Fr
Wärmeverbrauch bei Vollast (Kurve II, Abb. 12) 3550 kcal/kWh
Kohlenkosten von 1 kWh bei Vollast 2,05 ctm
Kohlenkosten von 1 Stunde Leerlauf 115 Fr
Wirkkohlenkosten von 1 kWh 1,72 ctm

Jahresausgaben in Fr:

Kohlenkosten für Leerlauf	1020000
Wirkkohlenkosten	3930000
Schmier-, Putz- und Dichtungsstoffe	245000
Personalausgaben	350000
Verzinsung, Amortisation, Erhaltung und Erneuerung	1720000
Verwaltungsausgaben	365000
Jährliche Kosten der kalorischen Energieerzeugung	7630000
Jährliche Kosten der hydraulischen Energieerzeugung	4050000

Hydrokalorischer Faktor = 4050000 : 7630000 = 53%.

Diese Zahl, als der hydrokalorische Faktor des Eglisauwerkes, ist gegenüber der von anderen Werken verhältnismäßig hoch.

4. Ausbau der Wasserkräfte für den anpassungsfähigen Bedarf

Die von Wasserkraftwerken, die den natürlichen Abfluß verarbeiten, erzeugte hydraulische Energie ist ein nicht vorausbestimmbares, nicht anpassungsfähiges, unsicheres Rohprodukt; diese Energie kann nur von solchen Verbrauchern übernommen und zur Arbeitsleistung herangezogen werden, die ihren Betrieb dem veränderlichen, unsicheren Energieflusse anpassen können. Solche anpassungsfähige Betriebe haben in erster Reihe chemische Fabriken, bei deren Erzeugnissen die Kosten der Energie einen entscheidenden Anteil beanspruchen; sie erheischen aber dafür niedrigste Preise.

Wasserkräfte, die Energie für anpassungsfähige Verbraucher zu liefern haben, sollten auf das wirtschaftlichste Maß ausgebaut werden, da bei diesem Ausbau die kWh mit dem niedrigsten Kostenaufwande erzeugt wird. Im Falle, als die Kostenkurve der erzeugbaren kWh in der Nähe des wirtschaftlichsten Ausbaues flach verlauft, kann man — einer eventuellen, diesbezüglichen Anforderung der betreffenden chemischen

Fabrik Genüge leistend — den Ausbau ohne wesentliche Erhöhung der Erzeugungskosten der kWh etwas höher oder niedriger ansetzen. Da billige Energie für solche anpassungsfähige Betriebe von entscheidender Wichtigkeit ist, sollte das hydraulische Werk, welches Rohenergie zu liefern hat, billigst ausgebaut werden; es dürften aus diesem Grunde weder das natürliche Regime des Flusses durch Errichtung von kostspieligen Speicherbecken beeinflußt, noch zur Behebung des Wassermangels besondere kalorische Werke aufgestellt werden.

Wasserkräfte, die ihre Energie für anpassungsfähige Verbraucher abzugeben haben, haben nicht gegenüber kalorischen Werken, sondern gegenüber Wasserkräften, die im Weltmarkte dem gleichen Zwecke dienen, in Wettbewerb zu treten; demgemäß ist bei der Beurteilung der betreffenden Wasserkraft nicht mehr der hydro-kalorische Faktor, sondern die Kostenlage der beim wirtschaftlichsten Ausbau erzeugbaren kWh maßgebend.

III. Hydrokalorische Verbundbetriebe

I. Die Laufkraftwerke in der Energieerzeugung

A. Elemente der Kostenberechnung

a) Bestimmung der verwertbaren hydraulischen Energie

Der Energiebedarf eines Elektrizitätswerkes bewegt sich in weiten Grenzen nicht nur innerhalb 24 Stunden, sondern es ändern sich sowohl die täglichen Höchstbelastungen, als auch die täglichen Energiebedarfsmengen von Tag zu Tag. Die höchsten Belastungen und die größten täglichen Energiemengen entfallen auf die Wintermonate.

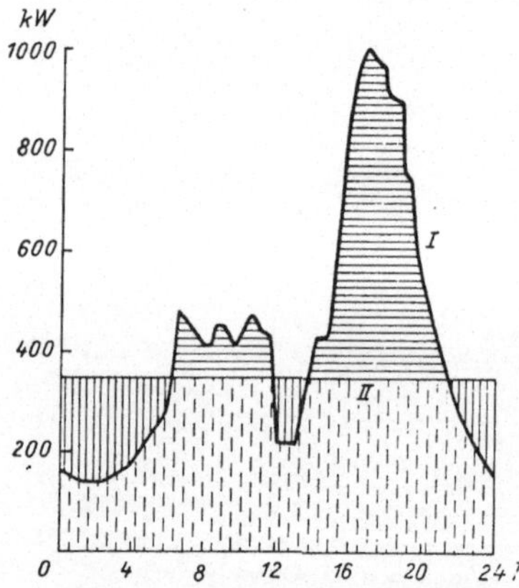

Abb. 30. Fehl- und Überschuß-energien eines hydraulischen Werkes

Die Energiedarbietung einer Flußwasserkraft ist ebenfalls von Tag zu Tag veränderlich; die Begegnung zwischen diesen unabhängig Veränderlichen kann in unzähligen Varianten der Energiedarbietung und des Energiebedarfes erfolgen. Kurve I der Abb. 30 zeigt ein Tagesbelastungsdiagramm eines Elektriziätswerkes. Mit der Linie II wurde die Leistungsfähigkeit des in ein Elektrizitätswerk einarbeitenden hydraulischen Werkes am selben Tage bezeichnet, da die sekundliche abfließende Wassermenge während 24 Stunden als unveränderlich angenommen werden kann. Die Lage der Linie II hängt vom zufälligen Wasserabflusse ab; sie kann eventuell die höchste Ordinate des Belastungsdiagrammes überragen, sie kann aber auch unter der kleinsten Belastung zu liegen kommen. Die an diesem Tage verwertbaren Energieflächen des Wasserkraftwerkes sind punktiert schraffiert; die unverarbeitet abfließenden Wassermengen wurden parallel zur Ordinatenachse und die anderweitig zu deckende Energieflächen des Diagrammes parallel zur Abszissenachse schraffiert. Die drei Arten der Energieflächen ändern sich in im voraus nicht berechenbarer Weise je nach den jeweiligen Belastungs- und Wasserabflußverhältnissen.

Auf Grund der Abb. 30 kann festgestellt werden, daß die abfließende Energiemenge für die nicht anpassungsfähigen Verbraucher der allgemeinen Energieversorgung nur teilweise verwertet werden kann. Die verwerteten hydraulischen Energiemengen können mit Hilfe einer Zusammenlegung der täglichen Energiedarbietung und Energiebedarfe nicht berechnet werden, da der Wasserabfluß regellos erfolgt; eine Berechnung mit Hilfe von Durchschnittswerten würde nach den früheren Untersuchungen zu fehlerhaften Ergebnissen führen. Im folgenden wird ein einfaches Verfahren entwickelt, mit Hilfe dessen die verwertbaren und die überschüssigen hydraulischen Energien sowie die hydraulisch nicht gedeckten Energiemengen des Elektrizitätswerkes bestimmt werden können.

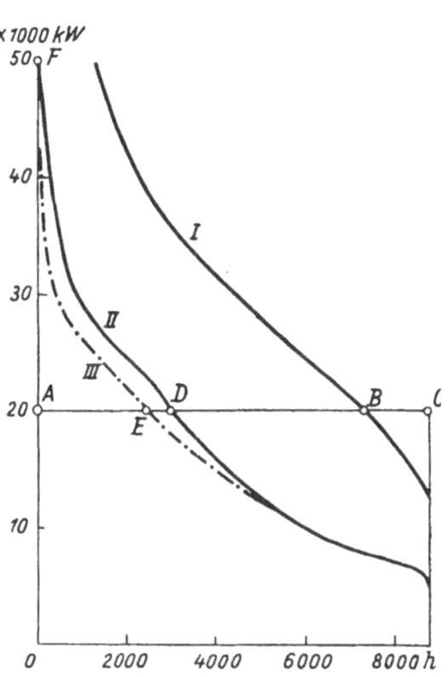

Abb. 31. Bestimmung der verwerteten Energien des Donau-Kachletwerkes

Kurve I der Abb. 31 zeigt das Leistungsdauerdiagramm des Donau-Kachletwerkes der Rhein-Main-Donau A. G. Dieses Laufkraftwerk wurde zur Verarbeitung einer Wassermenge von 700 m³/sek ausgebaut und enthält hiezu acht Turbinen, die bei einem Gefälle von 7,65÷9,2 m und bei einer Höchstleistung von 40000 kW jährlich 260000000 kWh erzeugen können. Das Diagramm I der Abb. 31 ist nach einem Aufsatze von Oberbaudirektor Dantscher aufgezeichnet worden.[1]

Das Dauerdiagramm der abfließenden hydraulischen Energie enthält die abfließenden Energien eines jeden Tages im Jahre. Die Dauerkurve I der Abb. 31 zeigt an, durch wie viel Stunden des Jahres eine gegebene Leistungsfähigkeit des hydraulischen Werkes vorhanden ist; diese Stundenzahlen sind selbstverständlich aus verschiedenen kürzeren und längeren Zeiten zusammengestellt. Demgemäß besitzt das Kachletwerk eine Leistungsfähigkeit von $\overline{OA} = 20000$ kW, während $\overline{AB} = 7300$ Stunden des Jahres; das Werk verfügt somit über diese Leistungsfähigkeit während $\overline{BC} = 1460$ Stunden des Jahres nicht. Wir können annehmen, daß jeder Wasserabfluß während 24 Stunden eines Tages unverändert bleibt, so daß die Leistung von $\overline{OA} = 20000$ kW des hydraulischen Werkes, während $7300 : 24 = 302$ Tagen des Jahres vorhanden ist.

Das Kachletwerk arbeitet zur Versorgung von Nürnberg im Verbundbetriebe mit dem rund 60000 kW leistenden Dampfkraftwerke

[1] Dantscher, Oberbaudirektor. Die derzeitigen Bauarbeiten an der Großschiffahrtsstraße Rhein—Main—Donau. Die freie Donau, Regensburg, 1923, Heft 11.

Gebersdorf[1] der Betriebsgemeinschaft Kachlet-Franken. Es sei angenommen, daß der Energieabsatz bei einer Höchstbelastung von 50000 kW jährlich rund 150000000 kWh beträgt. Das Leistungsdauerdiagramm dieses Verbrauches ist in Abb. 31 durch Kurve II dargestellt. Demgemäß besitzt das Elektrizitätswerk eine Belastung von $\overline{OA} =$ 20000 kW während $\overline{AD} = 3000$ Stunden des Jahres. Die Zeitdauer dieser Belastung fällt jedoch mit jener der Energiedarbietung des hydraulischen Werkes nicht immer zusammen. Falls aber die täglichen Belastungen des Elektrizitätswerkes während des ganzen Jahres die gleichen wären, wäre es gleichgültig, wie die Energiedarbietungen der Wasserkraft sich auf die einzelnen Tage des Jahres verteilen, und man könnte die Energie $\overline{OA} = 20000$ kW während $\overline{AB} : 24 = 302$ Tagen hierdurch hydraulisch erzeugen. Da aber die Belastung $\overline{OA} = 20000$ kW nur während $\overline{AD} : 365 = 8{,}2$ Stunden eines jeden Tages vorhanden ist, könnte die während $\overline{AB} = 7300$ Stunden des Jahres zur Verfügung stehende Leistungsfähigkeit des hydraulischen Werkes von $\overline{OA}$ kW bloß während $\overline{AE} = AD \times \overline{AB} : 8760 = 2500$ Stunden des Jahres zur Energieabgabe herangezogen werden.

Wenn wir diese Multiplikation der zusammengehörenden Dauergrößen des Energiebedarfes und der Energiedarbietung für verschiedene Belastungen durchführen und die errechneten Werte punktweise auftragen, erhalten wir die strichpunktiert ausgezogene Linie III als Dauerkurve der verwerteten hydraulischen Energie. Die von der Kurve I eingeschlossene Fläche stellt die erzeugbare hydraulische Energie, die von II den Energiebedarf und die von III die verwertete hydraulische Energie dar. Die Fläche zwischen I und III zeigt die nicht verarbeitete hydraulische Energie und die Fläche zwischen II und III den Energiebedarf, welcher anderweitig gedeckt werden muß.

Das Multiplikationsverfahren wurde unter der Annahme entwickelt, daß die Tagesbelastungsdiagramme des Elektrizitätswerkes an jedem Tage des Jahres die gleichen sind. Dies trifft jedoch nicht zu, denn die Winterbelastungen sind größer und von längerer Dauer als die Belastungen eines Sommertages. Der Unterschied zwischen Sommer- und Winterbelastungen ist bei niedrigen, langandauernden Grundbelastungen kleiner als bei Spitzenbelastungen; und da Laufkraftwerke zur Deckung von Grundbelastungen herangezogen werden, ergibt das Multiplikationsverfahren praktisch annehmbare Resultate.

Im Belastungsdiagramme verschwinden die Sommeranteile mit zunehmenden Belastungen immer mehr, so daß die größten Spitzenbelastungen ausschließlich von den Winterbelastungen gebildet werden. Wenn die Energiedarbietung eines hydraulischen Laufkraftwerkes die Eigenschaften der Mittelgebirgsflüsse besitzt, dann werden die Spitzen der hydraulischen Dauerkurven ebenfalls von den Winterabflüssen geboten, so daß das Multiplikationsverfahren auch im Spitzenbereich des

[1] Statistik der Vereinigung der Elektrizitätswerke. Berlin.

Diagrammes zu richtigen Ergebnissen führt. Hat aber der Abfluß einen Hochgebirgscharakter, so liefert das Multiplikationsverfahren für die Spitzen zu große Werte der verwerteten Energien. In diesem Falle kann man der Wahrheit in der Weise näher kommen, daß man für die Sommer- und Winterhalbjahre besondere Dauerdiagramme aufzeichnet und die Multiplikation für beide Halbjahre gesondert durchführt.

Auf Grund dieser Überlegungen kann festgestellt werden, daß mit Hilfe einer Multiplikation der zusammengehörigen Abszissenlängen der Dauerdiagramme der hydraulischen Energiedarbietung und des Energieverbrauches sowohl die verwertete hydraulische Energie, als auch die unverarbeitet abfließende Wassermenge eines Laufkraftwerkes bestimmt werden kann.

Mit Hilfe einer schichtenweisen Planimetrierung der durch die Diagramme der Abb. 31 eingeschlossenen Flächen erhält man die Kurven 1,2 und 3 der Abb. 32 als die linearen Leistungsdiagramme in Abhängigkeit von den Belastungen. Kurve 1 zeigt die jährlich bei verschiedenen Belastungen erzeugbaren hydraulischen Energiemengen des Kachletwerkes in Kilowattstunden; Kurve 2 gibt den bei verschiedenen Belastungen auftretenden Energiebedarf des Elektrizitätswerkes; Kurve 3 schließlich zeigt die bei verschiedenen Belastungen des hydraulischen Werkes jährlich verwerteten hydraulischen Energien in Kilowattstunden an.

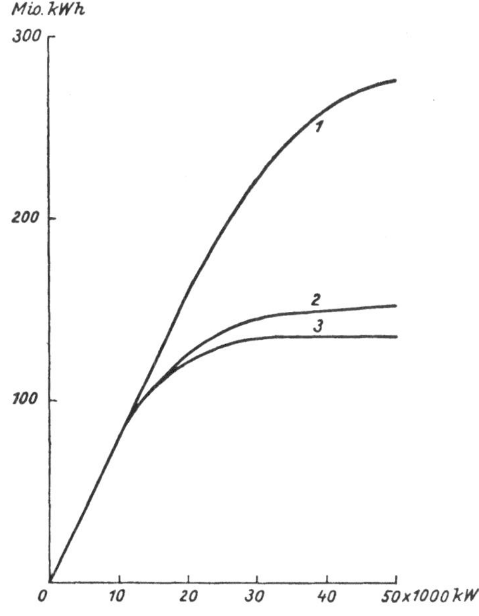

Abb. 32. Lineare Diagramme der Energieverhältnisse des Donau-Kachletwerkes

b) Einfluß des Absatzgebietes auf die Verwertung der hydraulischen Energie

Die täglichen Abflußmengen eines Flusses ändern sich zwischen den weiten Grenzen der Höchst- und Niedrigstwassermengen; die Abflußmengen während des nassesten Jahres sind $2 \div 3$mal so groß, wie die im trockensten Jahre. Wird das hydraulische Laufkraftwerk zur Versorgung des öffentlichen Bedarfes herangezogen, dann ist es nicht bloß aus Rücksichten der Betriebssicherheit, sondern auch zu dem Zwecke, durch ein anpassungsfähiges Kraftwerk zu ergänzen, um einen möglichst großen Teil der in den nassen Jahren abfließenden Wassermengen verarbeiten zu können.

Zufolge der Eigenschaft der hydraulischen Energieerzeugung, daß die Jahresausgaben praktisch unabhängig von der erzeugten Energiemenge sind, stellen hydraulische Laufkraftwerke ausgesprochene Grundkraftwerke dar. Wird nun ein Laufkraftwerk zur Lieferung der Grundenergien eines Elektrizitätswerkes herangezogen und wird es zum Beispiel auf die wirtschaftlichste Größe ausgebaut, dann müssen die Spitzenteile des Energiebedarfes, welche über die Leistungsfähigkeit des wirtschaftlichsten Ausbaues ragen, von einem Spitzenkraftwerk gedeckt werden.

Nehmen wir an, daß das Kachletwerk gemäß Abb. 31 auf $\overline{OA} =$ 20000 kW ausgebaut wird; für das Spitzenkraftwerk verbleibt somit die Deckung einer Belastung von $\overline{AF} = 30000$ kW. Gemäß Kurve 3 der Abb. 32 werden bei diesen Ausbauverhältnissen vom Kachletwerke jährlich 121000000 kWh abgegeben; weil gemäß Kurve 2 diese Belastung eine Energiemenge von 126000000 kWh darstellt, müssen jährlich 126000000 — 121000000 = 5000000 kWh während der Wassermangelzeiten anderweitig gedeckt werden. Dieser Fehlbetrag muß mit einer Höchstbelastung von etwa 9000 kW erzeugt werden, so daß der spezifische Inhalt des Fehlbetrages 440 kWh/kW beträgt. Die über den Ausbau des hydraulischen Werkes hinaus sich ergebende Spitzenenergie beträgt 150000000 — 126000000 = 24000000 kWh; da diese Spitzenenergie mit einer Höchstbelastung von 30000 kW geliefert werden muß, beträgt die spezifische Belastung des Spitzenteiles 800 kWh/kW.

Aus diesen Betrachtungen ist festzustellen, daß nicht nur die eigentlichen Spitzenenergien, sondern auch der Fehlbetrag während der Wassermangelzeiten einen spitzenartigen Charakter hat; während aber die Spitzenteile während der Wintermonate entstehen, zeigen sich die Fehlenergien während der Herbstmonate des Wassermangels. Beide spitzenartigen Energieteile können von einem und demselben entsprechend ausgebauten Spitzenkraftwerke geliefert werden. Zu diesem Zwecke können alle jene Kraftwerktypen herangezogen werden, die im Kapitel I zur Erzeugung der Spitzen als geeignet gefunden wurden. Es kommen somit bestehende Dampfkraftwerke, Diesel- und Gaskraftwerke, eventuell in Verbindung mit der Speicherung von kalorischer Energie, in Frage. Wir werden in den folgenden Untersuchungen zur Deckung der spitzenartigen Energien Dampfkraftwerke älterer Bauweise in Rechnung stellen.

Das hydraulische Grundkraftwerk und das kalorische Spitzenkraftwerk sollten aber nicht wie zufällig nebeneinandergestellt werden; sie sollten vielmehr durch eine zweckmäßige Verschiebung der Spaltungslinie bereits beim Bau konstruktiv in eine organische Einheit, in einen hydrokalorischen Verbundbetrieb in der Weise vereinigt werden, daß die Erzeugungskosten des Verbundbetriebes niedrigst ausfallen.

Kalorische Kraftwerke werden in der Weise ausgebaut oder erweitert, daß der Energiebedarf von der kalorischen Darbietung gedeckt wird. Wasserkräfte haben jedoch eine bestimmte Energie und das Gleichgewicht zwischen Bedarf und Darbietung muß durch Anpassung des kalorischen Werkes hergestellt werden. Es können somit zwischen der Energiedarbietung eines Laufkraftwerkes und zwischen dem Energiebedarfe eines Elektrizitätswerkes bedeutende Unterschiede bestehen, welche teilweise bereits beim Bau des hydraulischen Werkes vorhanden waren, teils während der Entwicklung des Konsumgebietes entstanden sind. Beim Bau der Urfttalsperre, deren Jahresarbeit etwa 25000000 kWh beträgt, wurde ein eigenes Absatzgebiet erfaßt, dessen Jahresbedarf etwa 20000000 kWh betrug; zur Zeit arbeitet das Urftwerk in das Netz der Braunkohlenindustrie A. G. Zukunft, deren Jahresarbeit 140000000 kWh beträgt. Hiemit ist die Entwicklung nicht beendet; die Zukunft wird mittels 100 kV Leitungen einerseits mit dem Fortuna Großkraftwerk, anderseits mit dem Goldenbergwerk der Rheinisch-Westfälischen E. W. verbunden, wodurch die Urfttalsperre mit ihrer Jahresarbeit von 25000000 kWh zu einem Absatzgebiet mit einem Jahresverbrauche von 1500000000 kWh kommt.

Mit steigendem Anteil der hydraulischen Energie an der Gesamtenergie tritt in das Problem der hydraulischen Energieerzeugung eine Veränderliche — die hydraulische Färbung der Energie — ein, die die Erzeugungsverhältnisse selbst eines und desselben Werkes stark verwickelt. Die Kosten der, für die allgemeine Versorgung erzeugten Energie setzen sich aus den Kosten der Grundenergie des Laufkraftwerkes und aus den Kosten der kalorischen Spitzenenergie zusammen. Je größer das Absatzgebiet gegenüber der Jahreserzeugung des hydraulischen Werkes ist, desto mehr hydraulische Energie kann verwertet werden; doch werden immer und immer kleinere Perzente derselben hydraulisch gedeckt, so daß immer größere Mengen kalorischer Energie zugegeben werden müssen. Solange das hydraulische Werk in kleine Absatzgebiete arbeitet, deckt es den größten Teil des Energiebedarfes; sobald es aber in ein großes Verbrauchsnetz einzuarbeiten hat, verschwinden die hydraulisch gedeckten Energiemengen neben der kalorisch gelieferten Energie; in kleinen Absatzgebieten übt die hydraulische Energie auf die Preisgestaltung des Verbundbetriebes einen entscheidenden Einfluß; mit dem Zusammenschrumpfen der hydraulischen Energie gegenüber dem Energiebedarfe verliert das hydraulische Werk diesen Einfluß mehr und mehr. Sobald z. B. das Urft-Laufkraftwerk in das Netz des Rheinisch-Westfälischen E. W. einzuarbeiten haben wird, werden nunmehr bloß 1,5% des Bedarfes hydraulisch gedeckt; bei dieser Teilnahme könnte das Laufkraftwerk selbst dann keinen nennenswerten Einfluß auf die Kostenbildung des Verbundbetriebes ausüben, wenn die hydraulische Energie kostenlos geliefert werden könnte.

Es ist somit einleuchtend, daß das Verhältnis des Energiebedarfes eines Elektrizitätswerkes zur Energiedarbietung eines zur Belieferung derselben herangezogenen hydraulischen Werkes eine wichtige Rolle spielt, wenn man den Einfluß der hydraulischen Energie auf die Kostengestaltung der anpassungsfähigen Energie untersucht. Und da diese Verhältniszahl sich innerhalb der weitesten Grenzen bewegen kann und nicht mit dem Bau, sondern mit dem Betriebe zusammenhängt, so können wir feststellen, daß die Verhältniszahl des Energiebedarfes und der hydraulischen

Darbietung eine Veränderliche im Problem der hydraulischen Energieerzeugung ist, die bei der Lösung nicht vernachlässigt werden kann.

Zur Benennung dieser Verhältniszahl werden wir in den folgenden Untersuchungen den Energieinhalt des wirtschaftlichsten Ausbaues heranziehen. Unter 0,5, 1,2...n-fachen Verbrauch bezeichnen wir den aus dem Energieverbrauche des Elektrizitätswerkes und aus dem Energieinhalte des wirtschaftlichsten Ausbaues der Wasserkraft gebildeten Quotienten; wir benennen diesen Quotienten Konsumfaktor des hydrokalorischen Verbundbetriebes.

Mit dem wirtschaftlichsten Ausbau von 5000 kW würde das in der Abb. 28 repräsentierte Urft-Laufkraftwerk jährlich 22000000 kWh erzeugen. Falls das Werk wahlweise in Elektrizitätswerke einarbeiten würde, deren Jahresbedarf 11000000, 22000000, 44000000 bzw. 88000000 kWh beträgt, wären die Konsumfaktoren der gebildeten Verbundbetriebe 0,5, 1,2 bzw. 4.

Hiemit haben wir sämtliche Veränderliche angeführt, aus welchen der Ertrag einer Wasserkraft bestimmt werden kann: Wasserabfluß- und Investitionsverhältnisse der Wasserkraft, Kostenlage der kalorischen Energie und schließlich das Verhältnis der hydraulischen Energiedarbietung zum Energiebedarfe des Elektrizitätswerkes; alle diese Veränderlichen sind im hydrokalorischen und im Konsumfaktor enthalten. Bei den weiteren Untersuchungen werden diese zwei Faktoren wichtige Rollen spielen.

c) Wirtschaftlicher Ausbau von Laufkraftwerken

α) Der wirtschaftliche Ausbau im Rahmen von Verbundbetrieben

Es sollen die verwerteten Energiemengen eines Laufkraftwerkes berechnet werden, welches wahlweise in Elektrizitätswerke einarbeitet, deren Konsumfaktor 0,5, 1,2 bzw. 4 beträgt. Zu diesem Zwecke wird das Urftkraftwerk gewählt, dessen Leistungsdiagramm für den Fall, wenn es ohne Talsperre ausgeführt werden sollte, in der Abb. 23 und dessen lineares Leistungsdiagramm in der Abb. 27 dargestellt ist. Der wirtschaftlichste Ausbau dieses Kraftwerkes liegt mit einer Jahresarbeit von 22000000 kWh bei 5000 kW. Dieses Werk soll nun wahlweise in Elektrizitätswerke einarbeiten, deren jährlicher Verbrauch einem Konsumfaktor von 0,5, 1, 2 bzw. 4 entsprechend (0,5, 1, 2 bzw. 4) $\times$ 22000000 $=$ $=$ 11000000, 22000000, 44000000 bzw. 88000000 kWh beträgt. Die spezifische Belastung der Elektrizitätswerke wird mit 3000 kWh/kW angenommen, so daß die Höchstbelastungen der betreffenden Elektrizitätswerke 3650, 7300, 14600 bzw. 29200 kW ausmachen.

Es bedeuten in der Abb. 33 Kurve I das Leistungsdiagramm des Urftwerkes, Kurven II, III, IV und V die Belastungsdauerdiagramme von Elektrizitätswerken mit dem spezifischen Inhalte von 3000 kWh/kW bei einem Konsumfaktor von 0,5, 1, 2 bzw. 4.

Mit Hilfe des Multiplikationsverfahrens gemäß Abb. 31 entstehen die Kurven II_1, III_1, IV_1 bzw. V_1 als die Dauerdiagramme der verwerteten hydraulischen Energien. Die von diesen Diagrammen eingeschlossenen Energieflächen können somit hydraulisch erzeugt werden, während die Energieflächen zwischen den Diagrammen $II \div II_1$, $III \div III_1$, $IV \div IV_1$ bzw. $V \div V_1$ kalorisch gedeckt werden müssen. Indessen fließen aber die Wasserenergien, welche von den Flächen zwischen $I \div II_1$, $I \div III_1$, $I \div IV_1$ bzw. $I \div V_1$ dargestellt werden, am hydraulischen Werke ungenützt vorbei.

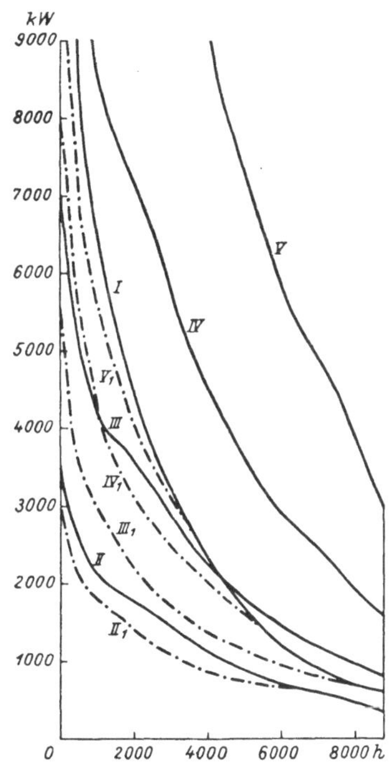

Abb. 33. Bestimmung der verwerteten Energien des Urftlaufwerkes bei verschiedenen Konsumfaktoren

Mit Hilfe einer schichtenweisen Planimetrierung der einzelnen Flächenteile erhalten wir die linearen Leistungsdiagramme der Abb. 34. In dieser Abbildung bedeuten: Kurve 1 die erzeugbaren Kilowattstunden des Urftwerkes, Kurven 2, 3, 4 und 5 die bei einem Konsumfaktor von 0,5, 1,2 bzw. 4 verwertbaren hydraulischen Energiemengen in Abhängigkeit vom Ausbau des Laufkraftwerkes.

Aus dieser Abbildung ist zahlenmäßig zu ersehen, daß sobald ein Laufkraftwerk in ein Elektrizitätswerk einarbeitet, welches für nicht anpassungsfähige Bedarfe Energie zu liefern hat, die verwerteten hydraulischen Energiemengen kleiner sind, und zwar um so kleiner als die erzeugbaren, je niedriger der Jahresbedarf des betreffenden Elektrizitätswerkes gegenüber der erzeugbaren Energie des Laufkraftwerkes erscheint, somit je kleiner der Konsumfaktor des hydrokalorischen Verbundbetriebes ist. Die verwertbaren Energiemengen hängen selbstverständlich auch von der Ausbaugröße des Laufkraftwerkes ab. Die erzeugbaren Energien des Urftlaufwerkes sind bei einem Ausbau von 4000 kW gemäß Abb. 34 20200000 kWh; davon werden bei einem Konsumfaktor von 4, 2, 1 bzw. 0,5 20000000, 18000000, 14000000 bzw. bloß 9000000 kWh verwertet.

Mit der Abnahme der Energiemengen stellen sich die Kosten der verwerteten Kilowattstunden höher als die der erzeugbaren. Um die Erzeugungskosten der verwerteten Kilowattstunden zu bestimmen, wurde in der Abb. 34 die mit X bezeichnete Investitions- bzw. Kostenlinie des Urftwerkes aufgezeichnet; die Konstanten dieser Linie sind $\overline{OA} = 1600000$ RM und $a = 240$ RM. Durch Division der zusammengehörigen Ordinaten der Kurve X durch jene der Kurven 1 bis 5 erhält man gemäß

Kurve I die Kosten der erzeugbaren und gemäß Kurven II bis V die der verwerteten Kilowattstunden.

Falls somit das Urft-Laufkraftwerk mit einem Konsumfaktor von 4 bzw. 2, 1, 0,5 in Elektrizitätswerke einarbeiten würde, deren Jahresbedarf 88000000 bzw. 44000000, 22000000, 11000000 kWh beträgt, dann würden bei einem Ausbau des Laufkraftwerkes z. B. auf 4000 kW die Kosten der verwerteten Kilowattstunden hydraulischer Energie 1,28 bzw. 1,39, 1,80, 2,80 Pf betragen; demgegenüber ergeben sich als Kosten der erzeugbaren Kilowattstunde bei einem Ausbau von 4000 kW 1,27 Pf.

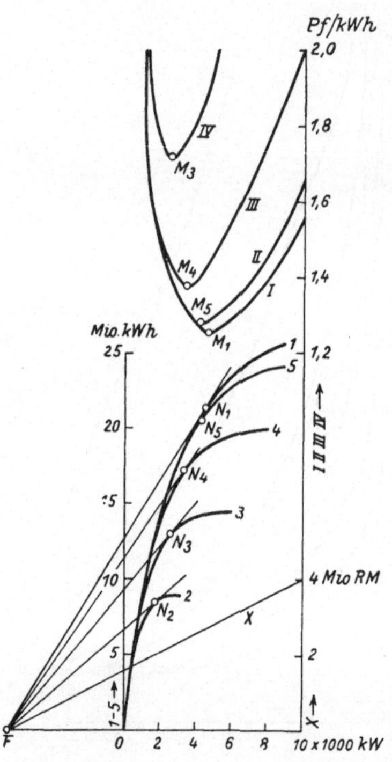

Abb. 34. Bestimmung der wirtschaftlichen Ausbaugrößen des Urftlaufwerkes

Sämtliche Kostenkurven der verwerteten Energien sind der Kostenkurve der erzeugbaren Energie ähnlich; sie besitzen auch je einen Mindestwert bei M, ebenso wie die Kurve I der erzeugbaren Energien. Arbeitet somit ein Laufkraftwerk in Elektrizitätswerke mit verschiedenen Jahresbedarfen, dann ergibt sich für jedes Elektrizitätswerk ein Ausbau des Laufkraftwerkes, bei welchem das Laufkraftwerk die verwertbare kWh mit den niedrigsten Kosten erzeugen kann. Wir nennen diesen Ausbau die wirtschaftliche Ausbaugröße des Laufkraftwerkes.

Falls das Urft-Laufkraftwerk wahlweise in Elektrizitätswerke einarbeiten würde, deren Jahresbedarf 88000000 bzw. 44000000, 22000000, 11000000 kWh beträgt, dann würde es die Kilowattstunde am billigsten bei einem Ausbau von 4300 bzw. 3300, 2600, 1700 kW erzeugen. Alle diese wirtschaftlichen Ausbauten sind niedriger als der wirtschaftlichste Ausbau von 5000 kW des Werkes. Die Erzeugungskosten der Kilowattstunde beim wirtschaftlichen Ausbau gestalten sich gemäß Abb. 34 wie folgt: 1,28 bzw. 1,38, 1,72, 2,34 Pf gegenüber 1,25 Pf. der Erzeugungskosten der Kilowattstunde beim wirtschaftlichsten Ausbau.

Die wirtschaftlichen Ausbaugrößen eines Laufkraftwerkes können auch mit Hilfe der früher entwickelten Tangentenkonstruktion bestimmt werden; die Investitionslinie X der Wasserkraft wird laut Abb. 34 bis zur Abszissenachse verlängert und vom Schnittpunkte F an die lineare Leistungsdiagramme der verwerteten Energien je eine Tangente gezogen; die Berührungspunkte N dieser Tangenten geben den wirtschaftlichen Ausbau an.

β) Wirtschaftliche Spaltung von hydrokalorischen Verbundbetrieben enthaltend Laufkraftwerke

Der wirtschaftliche Ausbau eines Laufkraftwerkes, welches bei verschiedenen Konsumfaktoren in Elektrizitätswerke mit verschiedenem Jahresbedarfe einarbeitet, bezeichnet jene Ausbaugröße, bei welcher das Laufkraftwerk unter den obwaltenden Verhältnissen mit den niedrigsten Kosten arbeitet. Es scheint daher, als ob die Laufkraftwerke eben auf die wirtschaftlichen Größen ausgebaut werden sollten. Eine kurze Überlegung lehrt jedoch, daß im Rahmen von hydrokalorischen Verbundbetrieben die Soll-Ausbauten von Laufkraftwerken von den wirtschaftlichen Ausbauten abweichen müssen.

Die wirtschaftlichen Ausbauten ergeben die Mindestkosten der hydraulischen Energie; die Elektrizitätswerke wünschen aber nicht den hydraulischen Teil, sondern die volle Energie des hydraulisch-kalorischen Verbundbetriebes billigst zu erzeugen. Bei der Bestimmung der Erzeugungskosten müssen daher nicht nur die Kosten der verwerteten hydraulischen Energie, sondern auch die zur Deckung der Spitzen und der Ausfälle an Wasserzulauf dienende kalorische Energie berücksichtigt werden. Die Spaltung der Energieerzeugung in Grund- und Spitzenteile sollte daher in der Weise durchgeführt werden und hiedurch der Sollausbau des hydraulischen und des kalorischen Werkes derart bestimmt werden, daß die Kostensumme der hydraulischen und der kalorischen Energieerzeugung einen Mindestwert erreicht.

Abb. 35 zeigt die Verhältnisse des bereits in den Abb. 31 und 32 vorgeführten Kachletwerkes. Kurve II der Abb. 35 ist das lineare Diagramm der erzeugbaren Kilowattstunden in Abhängigkeit vom Ausbau des Werkes; Gerade I zeigt den Energieinhalt von 150000000 kWh des Elektrizitätswerkes und Kurve III die vom Elektrizitätswerke übernommenen verwerteten Kilowattstunden. Die weit größeren Summen der Anlagekosten entfallen auf das Wehr, dessen Kosten unabhängig von der Ausbaugröße des Werkes sind; die Investitionslinie verläuft somit ziemlich flach und der spezifische Inhalt des wirtschaftlichsten Ausbaues fällt niedrig, etwa 6000 kWh/kW aus. Punkt N wurde auf der Linie II in der Weise ausgesucht, daß der spezifische Inhalt 250000000 kWh : : 42000 = 6000 kWh/kW beträgt. Punkt N bestimmt somit den wirtschaftlichsten Ausbau mit einer Leistungsfähigkeit von 42000 kW, auf welche Größe das Werk tatsächlich ausgebaut wurde.

Mit Hilfe der Tangentenkonstruktion ergibt sich bei den obwaltenden Betriebsverhältnissen Punkt N_1 somit $\overline{OA_1} = 25000$ kW als der wirtschaftliche Ausbau des Kachletwerkes. Bei diesem Ausbau würde das Werk jährlich $\overline{A_1N_1} = 130000000$ kWh verwerten. Nehmen wir an, daß das hydraulische Werk tatsächlich auf diese Größe ausgebaut wird; in diesem Falle müßten kalorisch $\overline{BN_1} = 20000000$ kWh erzeugt werden. Die Abszissen der Linie X_1 sind proportional den Erzeugungskosten des hydraulischen Werkes. Nehmen wir an, daß die Erzeugungskosten der Kilowattstunde der kalorischen Energie gleich den Kosten der verwerteten hydraulischen Kilowattstunde sind. In diesem Falle stellt die Länge $\overline{A_1N_1}$ die Kosten von $\overline{A_1N_1}$ hydraulischen und die Länge $\overline{BN_1}$ die Kosten von $\overline{BN_1}$ kalorischer Energie dar, so daß die Kosten des hydrokalorischen Verbundbetriebes $\overline{A_1N_1} + \overline{BN_1} = \overline{A_1B}$ RM betragen. Die wirtschaftliche Spaltung des Verbundwerkes in ein Grund- und ein Spitzenwerk wird durch den Ausbau bestimmt, bei welchem die Erzeugungskosten A_1B des Verbundbetriebes einen Mindestwert erreichen.

Die Erzeugungskosten der Grundenergie sind mit der Linie X_1 die Erzeugungskosten der kalorischen Energie durch die Abstände der einzelnen Punkte der Linie III von Linie I dargestellt. Die Summen dieser zwei Kostenanteile bilden an der Stelle einen Mindestwert, wo die Neigung von X_1 der Neigung des Kurventeiles von III gleich ist. Im vorliegenden Falle wird die wirtschaftliche Teilung des Verbundbetriebes durch Punkt N_1 bei einem Ausbau des Laufkraftwerkes auf $\overline{OA_1} = 25000$ kW bestimmt. Da aber Punkt N_1 gleichzeitig auch den wirtschaftlichen Ausbau des Werkes für den Fall bezeichnet, wenn das Werk in das Elektrizitätswerk I einarbeitet, so ist hiemit bewiesen, daß falls die Erzeugungskosten der kWh des kalorischen Spitzenkraftwerkes den Kosten der Kilowattstunde der verwerteten hydraulischen Grundenergie gleich sind, dann bildet der wirtschaftliche Ausbau der Wasserkraft gleichzeitig auch die wirtschaftliche Spaltung des hydrokalorischen Verbundbetriebes.

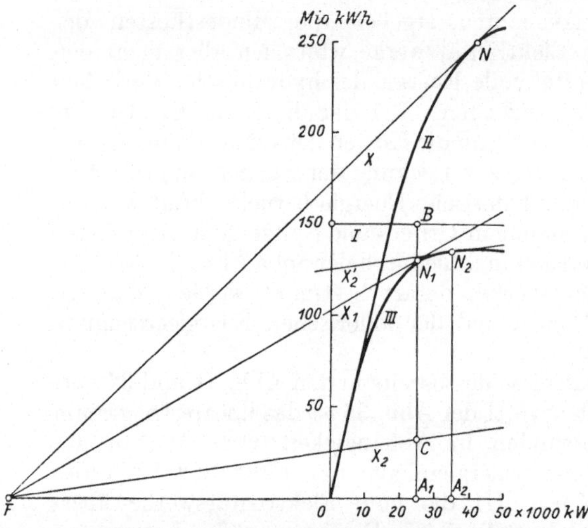

Abb. 35. Die wirtschaftliche Spaltung von hydrokalorischen Verbundbetrieben

Bei den Untersuchungen über die Spaltung der kalorischen Energieerzeugung haben wir gesehen, daß nach Tabelle 11 die Kilowattstunde Spitzenenergie rund viermal so viel kostet, als die der Grundenergie. Falls somit $\overline{BN_1}$ kWh Spitzenenergie $\overline{BN_1}$ RM kostet, dann sollten die Kosten von $\overline{A_1N_1}$ kWh Spitzenenergie bloß $\overline{A_1N_1} : 4 = \overline{A_1C}$ RM betragen; sind somit die Kosten der Spitzenenergien bei verschiedenen Ausbauten des hydraulischen Grundkraftwerkes den Abständen I und III gleich, dann werden die Kosten der hydraulischen Grundenergien nicht mehr durch die Ordinaten der Linie X_1, sondern jene der Linie X_2 dargestellt. Der Mindestwert der Erzeugungskosten des Verbundbetriebes bei Verschiebung der Spaltungslinie wird in diesem Falle durch Punkt N_2 gebildet, wo die Neigung der Linie X_2 identisch mit jener der Kurve III ist, wo also die parallele Linie X^1_2 die Kurve III berührt. Zufolge den höheren Erzeugungskosten der Kilowattstunde der kalorischen Spitzenenergie rückt daher die wirtschaftliche Spaltung des Verbundbetriebes von N_1 nach N_2 und dementsprechend sollte der Ausbau des hydraulischen Grundkraftwerkes von $\overline{OA}_1 = 25000$ kW auf $\overline{OA}_2 = 35000$ kW erhöht werden. Die Erzeugungskosten der Kilowattstunde der hydraulischen Energie bewegen sich bei dieser Verschiebung auf einer der Kurven II, III, IV der Abb. 34 aus den Punkten M in der Richtung der höheren Kilowatt gegen höhere Werte. Die Erzeugungskosten der hydraulischen Grundenergie steigen bei diesem Ausbau gegenüber denen des wirtschaftlichen Ausbaues um 6%.

Die wirtschaftliche Spaltung eines hydrokalorischen Verbundbetriebes, dessen Grundenergien in Laufkraftwerken erzeugt werden, und hiemit der Sollausbau des Laufkraftwerkes fällt gegenüber dem wirtschaftlichen Ausbau desselben um so höher aus, je größer die Kosten der Kilowattstunde der kalorischen Spitzenenergie gegenüber den Kosten der Kilowattstunde der hydraulischen Grundenergie sind. Die genaue Stelle der Vergrößerung des Ausbaues kann — wie aus den folgenden Abschnitten hervorgeht — rechnerisch bestimmt werden; die bezüglichen Rechnungen zeigen, daß der Ausbau zufolge der Vergrößerung nicht nur den wirtschaftlichsten Grad erreichen, sondern auch weit darüber anwachsen kann. Es ist somit möglich, daß der Sollausbau des Kachletwerkes weit über 42000 kW zu liegen kommt.

Die Erhöhung des Sollausbaues des hydraulischen Grundkraftwerkes über den wirtschaftlichen Ausbau bedeutet so viel, daß das Gesetz der Gesamtwirtschaftlichkeit dem billig produzierenden Laufkraftwerke die Lieferung einer größeren Energiemenge zuweist, um dafür den Energieanteil des teuer arbeitenden Spitzenkraftwerkes zu vermindern. Das Laufkraftwerk wird zwar bei diesem höheren Ausbau nicht mehr mit der höchsten Wirtschaftlichkeit arbeiten, die Wirtschaftlichkeit des Verbundbetriebes erreicht aber den höchsten Wert.

Die Verschiebung der Spaltungslinie des Verbundbetriebes wird durch gegenseitige Einwirkung der gegenseitigen Kostenlage der hydraulischen Grund- und der kalorischen Spitzenenergien hervorgerufen. Da aber die Kostenlage der zwei Energietypen auch von dem jeweiligen Konsumfaktor abhängt, so ist zu erwarten, daß der Konsumfaktor auf die Verschiebung der Spaltungslinie einen Einfluß ausüben wird. Mit der Vergrößerung des Konsumfaktors wächst nämlich das Dauerdiagramm des Elektrizitätswerkes, in welches das Laufkraftwerk einarbeitet; weil die Jahresleistung des Laufkraftwerkes dieselbe bleibt, fällt auf das kalorische Werk mit der Vergrößerung des Konsumfaktors die Lieferung von immer größeren Energiemengen mit zunehmendem spezifischen Inhalte. Die Erzeugungskosten der Kilowattstunde kalorischer Energie werden hiedurch schrittweise erniedrigt, so daß das Kostenverhältnis der hydraulischen Grund- und der kalorischen Spitzenenergien sich schrittweise zugunsten der letzten verschiebt. Infolgedessen wird bei einer Vergrößerung des Konsumfaktors die Verschiebung der Spaltungslinie gegen höheren Ausbau des Laufkraftwerkes zuerst gebremst, später sogar umgekehrt, so daß bei hohen Konsumfaktoren der Ausbau des Laufkraftwerkes sogar niedriger ausfallen kann als der wirtschaftliche Ausbau desselben.

Falls an Stelle eines normalen Kraftwerkes ein besonderes, billig erbautes Spitzenkraftwerk aufgestellt wird, ändert sich die gegenseitige Kostenlage der Grund und Spitzenenergien zugunsten des Spitzenkraftwerkes, wodurch die Vergrößerung des Sollausbaues des Laufkraftwerkes gehemmt wird.

d) Berechnungsvorgang bei der Bestimmung der Kosten von mit Laufkraftwerken ausgerüsteten Verbundbetrieben

Die vorherigen Untersuchungen sollen im Wege der nachfolgenden Berechnungen zahlenmäßig beleuchtet werden. Zu diesem Zwecke werden vorerst die zur Berechnung notwendigen Unterlagen und Methoden klargelegt.

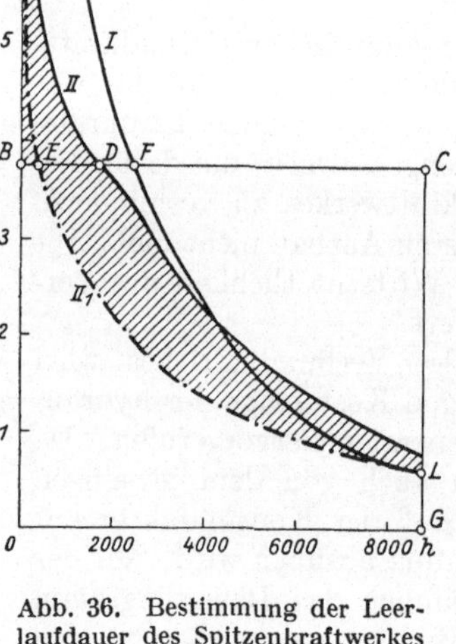

Abb. 36. Bestimmung der Leerlaufdauer des Spitzenkraftwerkes

Das Urft-Laufkraftwerk, dessen Energieinhalt beim wirtschaftlichsten Ausbau 22000000 kWh beträgt, soll einem Konsumfaktor von 1 entsprechend in ein Elektrizitätswerk einarbeiten, dessen Jahresbedarf 1×22000000 kWh und dessen Höchstbelastung 7300 kW beträgt. Das Leistungsdauerdiagramm des Urftes, das Belastungsdauerdiagramm des betreffenden Elektrizitätswerkes, sowie das Dauerdiagramm der verwerteten hydraulischen Energie wurden aus den Kurven I, III bzw. III_1 der Abb. 33 in die Abb. 36 übertragen.

Nehmen wir an, daß in diesem Verbundbetriebe das Laufkraftwerk auf eine Größe von $\overline{OB} = 3750$ kW ausgebaut wird. In diesem Falle müssen die Spitzenteile mit einer Höchstbelastung von $\overline{OA} - \overline{OB} =$ 3550 kW kalorisch gedeckt werden. Die Leistungsfähigkeit des hydraulischen Werkes bei Verarbeitung der Mindestwassermenge beträgt laut Abb. 36 $\overline{GL} = 700$ kW. Von dem $\overline{OB}$ kW betragenden Ausbau des hydraulischen Werkes sind somit $\overline{GL}$ kW unter allen Abflußverhältnissen vorhanden; diese Leistungsfähigkeit braucht somit für den Fall eines Wassermangels nicht gesichert zu werden. Demgegenüber ist der restliche Ausbau des Laufkraftwerkes $\overline{OB} - \overline{GL} = 3750 - 700 = 3050$ kW nur dann vorhanden, wenn genügende Wassermengen abfließen; dieser Teil des hydraulischen Ausbaues muß somit durch Aufstellung eines kalorischen Werkes bzw. durch eine Vergrößerung des Spitzenkraftwerkes gegen Wassermangel geschützt werden. Der kalorisch zu sichernde Teil des hydraulischen Ausbaues wird so betrachtet, als wenn er überhaupt nicht vorhanden wäre; dementsprechend wird bei der Bestimmung der Leistungsfähigkeit des kalorischen Spitzenkraftwerkes angenommen, daß dasselbe zur sicheren Deckung von $(OA - GL) = 6600$ kW ausgebaut werden muß. Der Ausbau des kalorischen Spitzenkraftwerkes wird daher — einer 50%igen Reserve entsprechend — von $1{,}5 \times \overline{BA} = 5325$ kW auf $1{,}5 \times 6600 = 9900$ kW erhöht.

Die Anlagekosten des kalorischen Spitzenkraftwerkes werden aus Abb. 13 entnommen.

Die beim angenommenen Ausbau verwertete hydraulische Energie wird aus Kurve 3 der Abb. 34 abgelesen; demnach beträgt die verwertete hydraulische Energie bei einem Ausbau auf 3750 kW 14000000 kWh. Es sind somit kalorisch 22000000 — 14000000 = 8000000 kWh zu decken.

Der Heizstoffverbrauch des kalorischen Spitzenkraftwerkes mit der Höchstbelastung von $(\overline{OA} - \overline{GL})$ kW wird aus der Abb. 12 abgelesen. Aus dem Heizstoffverbrauche bei Vollast werden die Leerverluste und der Wirkverbrauch zur Erzeugung einer Kilowattstunde berechnet. Verbraucht der Dampfturbinensatz von 6600 kW bei Vollast 5600 kcal Kohle per Kilowattstunde, dann beträgt der stündliche Heizstoffverbrauch des Satzes zur Deckung der Leerverluste der Maschinen, Kessel und Nebenbetriebe $0{,}16 \times 5600 \times 6600 = 5900000$ kcal; hieraus entfallen 2950000 kcal auf den Turbinensatz und 2950000 kcal auf die Kessel. Für den Wirkstoffverbrauch verbleiben $0{,}84 \times 5600 = 4700$ kcal/kWh.

Die jährlich zu erzeugende kalorische Energie beträgt nach den früheren Erörterungen 8000000 kWh; der jährliche Wirkstoffverbrauch erhöht sich somit auf 8000000×4700 kcal. Zur Bestimmung der Heizstoffverbrauche, die zur Deckung der Leerlaufverluste notwendig sind, müssen zuerst die Betriebs- und Leerlaufstunden der Turbine und des Kessels errechnet werden. Es wird angenommen, daß die Höchstbelastung des Spitzenkraftwerkes von einer einzigen Turbine mit Kessel geleistet wird.

Über eine Wassermenge, welche bei der Vollbelastung der Ausbaugröße von $\overline{OB} = 3750$ kW notwendig ist, verfügt das hydraulische Werk während $\overline{BF}$-Stunden eines Jahres; es fehlt diese Leistungsfähigkeit somit während $\overline{CF} = 6300$ Stunden. Da der Wasserabfluß während 24 Stunden eines Tages als konstant angenommen werden kann, verteilt sich der Wassermangel bei Vollast auf $\overline{FC} : 24 = 265$ Tage des Jahres. Die jährlichen Leerlaufstunden der Kessel betragen daher $265 \times 24 =$ $= 6300$ Stunden.

Die Dampfturbine läuft zur Deckung der Spitzenenergie jährlich während $\overline{BD} = 1700$ Stunden. Außerdem muß sie auch während der

Zeiten des Wassermangels laufen. Die jährliche Dauer des Wassermangels wird von dem größten Abszissenabstande zwischen Kurve II und II_1 bestimmt. Im vorliegenden Falle beträgt die längste Dauer des Wassermangels 2100 Stunden, und zwar bei einer Belastung von 2000 kW. Die Dampfturbine sollte daher noch während 2100 Stunden laufen; einige Stunden dieses Zeitraumes fallen jedoch mit den Spitzenbelastungen zusammen, so daß die Turbine eigentlich während wenigeren Stunden laufen muß. Wenn wir eine gleichmäßige Verteilung der Spitzenteile auf die einzelnen Tage eines Jahres annehmen, dann müßte die Turbine noch zur Deckung des Wassermangels $2100 \times \overline{DC} : 8760 = 1700$ Stunden lang laufen. Die Betriebszeit der Turbinen beträgt somit $1700 + 1700 = = 3400$ Stunden.

Der Heizstoffverbrauch zur Deckung der Leerlaufverluste stellt sich somit wie folgt zusammen: Leerlauf der Kessel 6300 h × 2950000 kcal + Leerlaufsverluste der Turbine 3400 h × 2950000 kcal.

Bei den zu bearbeitenden Beispielen wird mit einem Kohlenpreise von 3 Pf/10000 kcal gerechnet. Dieser Kalorienpreis entspricht einem Steinkohlenpreise von rund 20 RM ab Kraftwerk.

Für Schmier-, Putz- und Dichtungsstoffe werden 5% der Heizstoffkosten in Rechnung gestellt.

Die Kosten des Personals werden aus Abb. 14 entnommen.

Die Verzinsung und Amortisation der Anlagekosten des kalorischen Spitzenkraftwerkes wird mit 7% derselben festgelegt; für Erhaltung und Erneuerung der Einrichtungen werden je 3% der Anlagekosten in Rechnung gestellt. Die Erhaltungskosten werden jedoch entsprechend den Betriebsstunden der Turbine ermäßigt.

Die Verwaltungs- und allgemeinen Spesen werden mit 5% der Gesamtausgaben bemessen.

Die Ausgaben des kalorischen Spitzenkraftwerkes können auf diese Weise berechnet werden. Zu diesen Ausgaben müssen noch die Kosten der hydraulischen Grundenergie addiert werden. Die Kosten der hydraulischen Energieerzeugung sind einem hydro-kalorischen Faktor von 29% entsprechend durch die Linie X der Abb. 34 dargestellt. Wird das hydraulische Werk gemäß Abb. 36 auf $OB = 3750$ kW ausgebaut, dann betragen die Anlagekosten desselben 2500000 RM und die Erzeugungskosten 250000 RM. Die Summe der Kosten der kalorischen und hydraulischen Energieerzeugung ergibt die jährlichen Erzeugungskosten des hydrokalorischen Verbundbetriebes bei einem Ausbau des hydraulischen Werkes auf 3750 kW.

Mit Hilfe des vorgeführten Rechnungsvorganges werden verschiedene Alternativen durchgerechnet. Diese Alternativen sollen erstens zur Bestimmung der wirtschaftlichen Teilung des Verbundbetriebes, zweitens zur Feststellung des Einflusses des hydrokalorischen Faktors und drittens des Konsumfaktors auf die Betriebs- und Kostenverhältnisse des hydrokalorischen Verbundbetriebes dienen.

Zur Ermittlung der wirtschaftlichen Spaltung des Verbundbetriebes werden die Alternativberechnungen für jedes Elektrizitätswerk bei verschiedenen Ausbauten des hydraulischen Grundkraftwerkes durchgeführt; die Alternative, die zu den niedrigsten Erzeugungskosten des Verbundbetriebes führt, bezeichnet den Sollausbau des Laufkraftwerkes und hiemit die wirtschaftliche Spaltung des hydrokalorischen Verbundbetriebes.

Um den Einfluß des hydrokalorischen Faktors kennenzulernen, werden wir annehmen, daß das hydraulische Werk sich gegen Aufwendung von verschiedenen Investitionskosten teurer bzw. billiger errichten läßt; hiemit können nicht nur der hydrokalorische Faktor, sondern auch die Gesamtkosten des Verbundbetriebes bei verschiedenen hydrokalorischen Faktoren in einer einfachen Art bestimmt werden. Die Berechnungen werden auf diese Weise bei hydrokalorischen Faktoren von 100% bzw. 50%, 25%, 12,5% durchgeführt. Der hydrokalorische Faktor des Urftwerkes beträgt bei einem Ausbau auf 5000 kW 29%; die Kostenlinie X der Abb. 34 stellt somit die Investitionslinie und hiemit die Erzeugungskostenverhältnisse des Urft-Laufkraftwerkes bei einem hydrokalorischen Faktor von 29% dar. Um die Kosten gemäß den hydrokalorischen Faktoren von 100% bzw. 50%, 25%, 12,5% umzurechnen, werden die aus der Kostenlinie X ermittelten Werte mit 100 : 29, 50 : 29, 25 : 29 bzw. 12,5 : 29 multipliziert. Die Investitionskosten des Urftlaufwerkes betragen gemäß Kurve X der Abb. 34 bei einem Ausbau auf 4000 kW 4000000 RM; bei einem hydrokalorischen Faktor von 100 bzw. 50, 25, 12,5% ergeben sich hieraus die Kosten 13800000 bzw. 6900000, 3450000, 1725000 RM.

Der Einfluß des Konsumfaktors wird in der Weise untersucht, daß die Alternativkostenberechnungen bei verschiedenen Konsumfaktoren durchgeführt werden. Der Energieinhalt des wirtschaftlichsten Ausbaues des Urftlaufwerkes beträgt 22000000 kWh; es wird nun angenommen, daß das Urftwerk in Elektrizitätswerke einarbeitet, deren Jahresverbrauch wahlweise 0,5 bzw. 1, 2, 4, ... 8, 16 × 22000000 = 11000000 bzw. 22000000, 44000000, 88000000, 176000000, 352000000 kWh beträgt.

Schließlich soll noch erwähnt werden, daß das kalorische Werk bei einem Konsumfaktor von 0,5 und 1 ausgesprochene Spitzenenergien, bei den hohen Konsumfaktoren von 8 und 16 aber bereits große Massen an Grundenergien zu erzeugen hat. Dementsprechend wird das kalorische Kraftwerk bei Konsumfaktoren von 0,5 und 1 in der älteren, bei Konsumfaktoren von 8 und 16 in der neuesten, hochthermischen Bauweise ausgeführt gedacht; bei einem Konsumfaktor von 2 und 4 werden sowohl die Anlagekosten wie auch der Heizstoffverbrauch aus den Mittelwerten der bezüglichen Kurven der Abb. 12 und 13 gebildet.

B. Beispiele von hydrokalorischen Verbundbetrieben, enthaltend Laufkraftwerke

a) Ein Laufkraftwerk und ein kalorisches Spitzenkraftwerk

Das Leistungsdauerdiagramm der Urftwasserkraft ist mit Kurve II der Abb. 23, deren Investitionslinie durch Kurve X der Abb. 27 dar-

Tabelle 25. Erzeugungskosten eines hydro-kalorischen Verbundbetriebes, enthaltend ein Laufkraftwerk

Konsumfaktor = 0,5. Preis von 10000 kcal Kohle ab Werk 3 Pf
Jahresleistung des Verbundbetriebes 11 Millionen kWh
Höchstbelastung 3650 kW

Ausbau des Laufkraftwerkes kW	1500	2000	3000	3650
Ausbau des kalorischen Kraftwerkes (3650—800) × 1,5 kW			4300	
Anlagekosten des kalorischen Kraftwerkes RM			1700000	
Wärmeverbrauch bei Vollast kcal/kWh			6700	
Kohlenkosten/kWh bei Volllast Pf			2,01	
Wirkkohlenkosten/kWh Pf			1,68	
Kohlenkosten je Stunde Leerlauf der Turbine RM			4,6	
Kohlenkosten je Stunde Leerlauf des Kessels RM			4,6	
Jährlich verwertete hydraulische Energie kWh	8100000	8800000	8900000	8900000
Jährlich zu erzeugende kalorische Energie kWh	2900000	2200000	2100000	2100000
Betriebszeit der Turbine h	3650	2250	1360	1200
Betriebszeit des Kessels h	3650	3100	3100	3100
Jahreskosten RM:				
Leerverluste des Kessels	16800	14300	14300	14300
Leerverluste der Turbine	16800	10400	6300	5500
Wirk-Heizstoffe	48500	37000	35000	35000
Schmier-, Putz- und Dichtungsstoffe	4100	3100	2800	2800
Personal	65000	55000	50000	50000
Verzinsung, Amortisation	120000	120000	120000	120000
Erneuerung, Erhaltung	71000	64000	59000	54000
Verwaltungsausgaben	17800	15200	14600	14400
Jahreskosten der kalorischen Spitzenenergie RM	360000	319000	302000	296000
Jahreskosten der hydraulischen Grundenergie bei einem hydrokalorischen Faktor von ...100%	620000	660000	740000	790000
50%	310000	330000	370000	395000
25%	155000	165000	185000	198000
12,5%	78000	83000	93000	99000

Ausbau des Laufkraftwerkes kW	1500	2000	3000	3650
Jahreskosten des Verbundbetriebes bei einem hydrokalorischen Faktor von				
100%	980000	**979000**	1042000	1086000
50%	670000	**649000**	672000	691000
25%	515000	**484000**	487000	494000
12,5%	438000	402000	**395000**	395000
Kosten der erzeugten kWh des Verbundbetriebes in Pf bei einem hydrokalorischen Faktor von				
100%		8,9		
50%		5,9		
25%		4,4		
12,5%			3,6	

gestellt. Gemäß Abb. 28 liegt der wirtschaftlichste Ausbau dieser Wasserkraft bei 5000 kW und die jährliche Arbeit des wirtschaftlichsten Ausbaues beträgt 22000000 kWh; der spezifische Inhalt des wirtschaftlichsten Ausbaues sinkt somit auf 4400 kWh/kW.

Dieses Laufkraftwerk soll im Rahmen eines hydrokalorischen Verbundbetriebes die Grundenergie eines Elektrizitätswerkes liefern, dessen Jahresbedarf bei einer spezifischen Belastung von 3000 kWh/kW wahlweise 11000000 bzw. 22000000, 44000000, 88000000, 176000000, 352000000 kWh beträgt. Demgemäß sind die Konsumfaktoren 0,5 bzw. 1, 2, 4, 8, 16; die Höchstbelastungen des Elektrizitätswerkes sind 3650 bzw. 7300, 14600, 29300, 56600, 117000 kW. Die Dauerdiagramme dieser Elektrizitätswerke sind durch Kurven II, III, IV und V der Abb. 33 dargestellt. Durch Planimetrierung wurden die bezüglichen linearen Leistungsdiagramme 2, 3, 4 bzw. 5 der Abb. 34 berechnet und aufgezeichnet.

Die Berechnungen wurden in den Tabellen 25, 26 und 27 für Konsumfaktore 0,5, 2 und 16 wiedergegeben. Die Ergebnisse zeigen vorerst die Erzeugungskosten der kalorischen Spitzen und Ersatzenergien. Zu diesen Beträgen wurden die Kosten der hydraulischen Grundenergien in vier Alternativen, entsprechend einem 100-, 50-, 25- bzw. 12,5%igen hydrokalorischen Faktor addiert. Die Kostensummen der zusammengehörigen kalorischen und hydraulischen Teilbeträge zeigen die Gesamtkosten der hydrokalorischen Verbundbetriebe an.

Aus den Ergebnissen der Tabellen 25, 26 und 27 ist zu ersehen, daß die Gesamtkosten der hydrokalorischen Verbundbetriebe bei jedem Konsumfaktor und bei jedem hydrokalorischen Faktor je einen Mindestwert besitzen, welche mit dicken Zahlen bezeichnet wurden. Demgemäß ergibt sich für jeden hydrokalorischen Verbundbetrieb eine gewisse

Tabelle 26. Erzeugungskosten eines hydrokalorischen Verbundbetriebes enthaltend ein Laufkraftwerk

Konsumfaktor = 2. Preis von 10000 kcal Kohle ab Werk 3 Pf
Jahresleistung des Verbundbetriebes 44 Millionen kWh
Höchstbelastung 14600 kW

Ausbau des Laufkraftwerkes kW	3000	6000	9000	12000	14600
Ausbau des kalorischen Kraftwerkes kW			20700		
Anlagekosten des kalorischen Kraftwerkes RM			7300000		
Wärmeverbrauch bei Vollast kcal/kWh			4500		
Kohlenkosten/kWh bei Vollast Pf			1,35		
Wirkkohlenkosten/kWh Pf			1,14		
Kohlenkosten je Stunde Leerlauf der Turbine RM			15		
Kohlenkosten je Stunde Leerlauf des Kessels RM			15		
Jährlich verwertete hydraulische Energie kWh	16800000	19500000	20000000	20000000	20000000
Jährlich zu erzeugende kalorische Energie kWh	27200000	24500000	24000000	24000000	24000000
Betriebszeit der Turbine h	7100	5500	4400	4100	3900
Betriebszeit des Kessels h	7100	5500	5000	5000	5000
Jahreskosten RM:					
Leerverluste des Kessels	108000	83000	66000	62000	58000
Leerverluste der Turbine	108000	83000	83000	83000	83000

Wirkheizstoffe	310000	278000	270000	270000	270000
Schmier-, Putz- und Dichtungsstoffe	26000	22000	21000	21000	21000
Personal	165000	160000	155000	155000	155000
Verzinsung, Amortisation	510000	510000	510000	510000	510000
Erneuerung, Erhaltung	390000	355000	330000	320000	285000
Verwaltungsausgaben	81000	75000	72000	71000	69000
Jahreskosten der kalorischen Spitzenenergie RM	1698000	1566000	1507000	1492000	1451000
Jahreskosten der hydraulischen Grundenergie bei einem hydrokalorischen Faktor von 100%	740000	980000	1220000	1460000	1660000
50%	370000	490000	610000	730000	830000
25%	185000	245000	305000	365000	415000
12,5%	93000	123000	153000	183000	208000
Jahreskosten des Verbundbetriebes bei einem hydrokalorischen Faktor von 100%	**2438000**	2546000	2727000	2952000	3111000
50%	2068000	**2056000**	2117000	2222000	2281000
25%	1883000	**1811000**	1812000	1857000	1866000
12,5%	1791000	1689000	**1660000**	1675000	1659000
Kosten der erzeugten kWh des Verbundbetriebes bei einem hydrokalorischen Faktor von 100%	4,54				
50%		4,67			
25%		3,67			
12,5%			3,78		

Tabelle 27. Erzeugungskosten eines hydrokalorischen Verbundbetriebes enthaltend ein Laufkraftwerk

Konsumfaktor = 16. Preis von 10000 kcal Kohle ab Werk = 3 Pf
Jahresleistung des Verbundbetriebes 352 Millionen kWh
Höchstbelastung 117000 kW

Ausbau des Laufkraftwerkes kW	2000	4000	6000	10000	16000
Ausbau des kalorischen Kraftwerkes (14600 — 800) x 1,5 kW			176000		
Anlagekosten des kalorischen Kraftwerkes RM			49000000		
Wärmeverbrauch bei Vollast kcal/kWh			3500		
Kohlenkosten/kWh bei Vollast Pf			1,05		
Wirkkohlenkosten/kWh Pf			0,88		
Kohlenkosten je Stunde Leerlauf der Turbine RM			98		
Kohlenkosten je Stunde Leerlauf des Kessels RM			98		
Jährlich verwertete hydraulische Energie kWh	14000000	20000000	23000000	25000000	26000000
Jährlich zu erzeugende kalorische Energie kWh	338000000	332000000	329000000	327000000	326000000
Betriebszeit der Turbine h	8760	8760	8760	8600	7300
Betriebszeit des Kessels h	8760	8760	8760	8700	8700
Jahreskosten RM:					
Leerverluste des Kessels	860000	860000	860000	840000	710000
Leerverluste der Turbine	860000	860000	860000	850000	850000

Wirkheizstoffe	3000000	2900000	2870000	2850000	2850000
Schmier-, Putz- und Dichtungsstoffe	235000	230000	230000	227000	220000
Personal	310000	308000	306000	304000	300000
Verzinsung, Amortisation	3400000	3400000	3400000	3400000	3400000
Erneuerung, Erhaltung	2920000	2920000	2920000	2850000	2720000
Verwaltungsausgaben	580000	570000	570000	570000	550000
Jahreskosten der kalorischen Spitzenenergie	12165000	12048000	12016000	11891000	11600000
Jahreskosten der hydraulischen Grundenergie bei einem hydrokalorischen Faktor von 100%	670000	830000	990000	1300000	1760000
50%	335000	415000	445000	650000	880000
25%	168000	208000	222000	325000	440000
12,5%	83000	104000	111000	163000	220000
Jahreskosten des Verbundbetriebes bei einem hydrokalorischen Faktor von 100%	**12835000**	12878000	13006000	13191000	13360000
50%	12500000	12463000	**12461000**	12541000	12480000
25%	12333000	12256000	**12238000**	12316000	12040000
12,5%	12248000	12152000	12127000	12054000	**11880000**
Kosten der erzeugten kWh des Verbundbetriebes bei einem hydrokalorischen Faktor von 100%	3,68				
50%			3,58		
25%			3,50		
12,5%					3,40

Spaltung in einen Grund- und einen Spitzenteil, bei welcher der Verbundbetrieb mit den niedrigsten Erzeugungskosten arbeitet. Diese wirtschaftlichen Spaltungen der Verbundbetriebe bestimmen die Sollausbauten der Laufkraftwerke.

Abb. 37 zeigt die mit den Mindestwerten der Tabelle bezeichneten Sollausbauten des hydraulischen Werkes. Die Kurven der Abb. 37 wurden in Abhängigkeit von dem hydrokalorischen Faktor bzw. von dem Energieinhalte der Elektrizitätswerke aufgezeichnet, in welche das Laufkraftwerk einarbeitet. Kurve I bzw. II, III, IV der Abb. 37 sind somit die Sollausbauten des Laufkraftwerkes bei einem hydrokalorischen Faktor von 100, 50, 25 bzw. 12,5%. Kurve V zeigt die aus der Abb. 34 entnommenen wirtschaftlichen Ausbauten des hydraulischen Werkes.

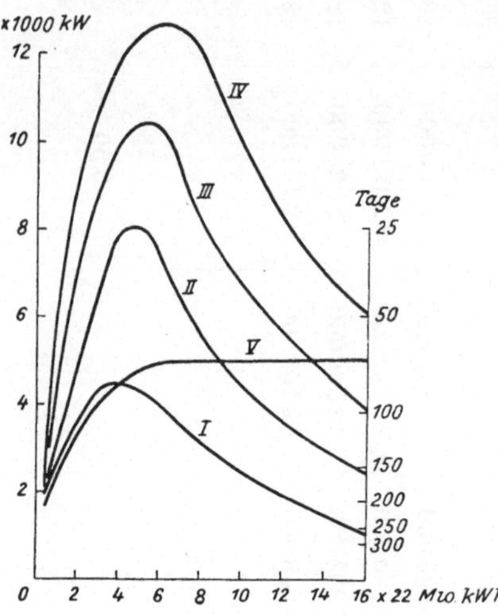

Abb. 37. Soll-Ausbauten des Urftlaufwerkes bei verschiedenen hydrokalorischen Faktoren in Abhängigkeit von den Konsumfaktoren

Aus der Abb. 37 ist zu entnehmen, daß die Sollaubauten des Laufkraftwerkes tatsächlich größer ausfallen, als die wirtschaftlichen Ausbauten. Hiemit sind die im Kapitel III. 1. c. theoretisch abgeleiteten Ergebnisse an praktischen Beispielen bewiesen. Demgemäß werden die hydraulischen Grundkraftwerke zufolge der hohen Kosten der kalorischen Spitzenenergien höher ausgebaut, als es ihnen die Wirtschaftlichkeit der hydraulischen Energieerzeugung vorschreibt. Die Sollausbauten des Laufkraftwerkes sind gemäß Abb. 37 tatsächlich umso größer, je niedriger der hydrokalorische Faktor ist, somit je niedriger die Kosten der hydraulischen Grundenergie gegenüber denen der kalorischen Spitzenenergie sich gestalten.

Bei den theoretischen Untersuchungen wurde im Abschnitte III 1 c bereits darauf hingewiesen, daß mit der Erhöhung des Konsumfaktors das kalorische Werk gegenüber dem hydraulischen Werke mehr und mehr anwächst und die Lieferung von immer größerer Grundenergie übernimmt. Demzufolge nähern sich die Kosten der Kilowattstunde der kalorischen Energie den Kosten der hydraulischen Energie umso mehr, je größer der Konsumfaktor des Verbundbetriebes ist; diese Kostenabnahme der Kilowattstunde der kalorischen Energie (wie es auch im Kapitel III 1c auf theoretischem Wege erwiesen wurde) muß bei hohen Konsumfaktoren eine Erniedrigung der Sollausbauten des hydraulischen Werkes zur Folge haben. Die Kurven der Abb. 37 zeigen diese Erscheinung auffallend; die Sollausbauten des hydraulischen Werkes vergrößern sich vorerst mit der Vergrößerung des Konsumfaktors, da das Werk schrittweise in ein größeres Elektrizitätswerk einarbeitet; bei einem gewissen Konsumfaktor erreichen die Sollausbauten die höchsten Werte und in noch größere Elektrizitätswerke arbeitend, müssen die Ausbauten des Laufkraftwerkes vermindert werden; bei hohen Konsumfaktoren übernimmt das kalorische Werk (zufolge der zu liefernden großen Energiemenge) eine derart herrschende Stellung, daß sich das hydraulische Werk mit einem bescheidenen Ausbau begnügen muß. Der Ausbau eines Laufkraftwerkes steht somit in einem eigenartigen engen Zusammenhange mit der Kostenlage der hydraulischen Energie und mit dem Größenverhältnisse des Elektrizitätswerkes, in welches das Laufkraftwerk einzuarbeiten hat.

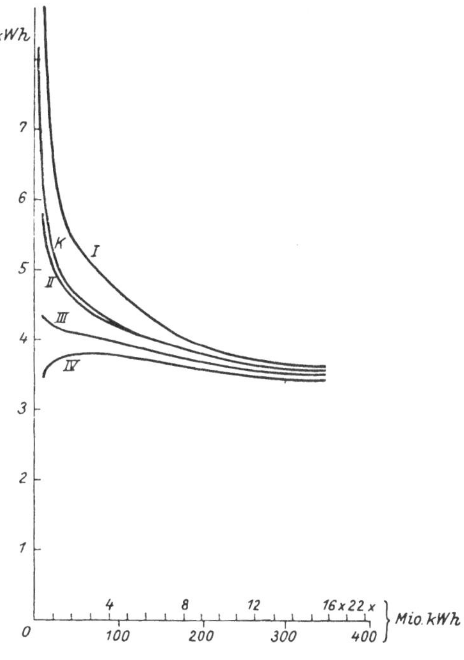

Abb. 38. Erzeugungskosten von Lauf-Verbundbetrieben bei hydrokalorischen Faktoren von 100, 50, 25 und 12,5 Prozent

Den Ausbau des hydraulischen Werkes pflegt man durch die Monats- bzw. Tagesdauer der Ausbauwassermenge zu bezeichnen. In der Abb. 37 ist als Ordinate die Tagesdauer ebenfalls aufgetragen; gemäß den Kurven dieser Abbildung ändert sich die Tagesdauer der Abflußmengen je nach dem hydrokalorischen und nach dem Konsumfaktor zwischen weiten Grenzen.

Die verwerteten hydraulischen Energiemengen hängen mit der Ausbaugröße eng zusammen. Bei einem Ausbau auf 10000 kW werden gemäß Kurve 5 der Abb. 34 bereits über 90% der im Durchschnittsjahre abfließenden Energiemengen verwertet. Die perzentuelle Teilnahme des hydraulischen Laufkraftwerkes in der Energielieferung des Verbundbetriebes ist demgegenüber umso größer, je niedriger der Konsumfaktor des Werkes, somit je kleiner der Energieinhalt des Elektrizitätswerkes ist. Arbeitet das Urft-Laufkraftwerk einem Konsumfaktor von 16 entsprechend in ein Elektrizitätswerk, dessen Jahresverbrauch 352000000 kWh beträgt, dann werden gemäß Tabelle 27 jährlich 26000000 kWh, somit bloß 7,4% des Bedarfes hydraulisch gedeckt; arbeitet dagegen das Urft-Laufkraftwerk einem Konsumfaktor von 0,5 entsprechend in ein Elektrizitätswerk, dessen Jahresverbrauch bloß 11000000 kWh beträgt, dann werden gemäß Tabelle 25 jährlich rund 10000000 kWh, somit 90% des Energiebedarfes hydraulisch gedeckt.

Die Erzeugungskosten der Kilowattstunde des hydrokalorischen Verbundbetriebes sind — in Abhängigkeit von dem Konsumfaktor bzw. von der jährlich erzeugten Energiemenge des Verbundbetriebes — in der Abb. 38 dargestellt. Kurve I bzw. II, III, IV zeigen die Kosten der erzeugten Kilowattstunde der Verbundbetriebe bei einem hydrokalorischen Faktor von 100 bzw. 50, 25, 12,5%; Kurve *K* repräsentiert die Erzeugungskosten von kalorischen Werken für den Fall, wenn der Energiebedarf der betreffenden Elektrizitätswerke kalorisch erzeugt werden sollte.

Die Kurvenschar der Erzeugungskosten der hydrokalorischen Verbundbetriebe, deren höchste und niedrigste Kostenkurven durch einen hydrokalorischen Faktor von 100 bzw. 12,5% gebildet wurden, verlauft mit einer Zunahme des Konsumfaktors bzw. des Energieinhaltes des Elektrizitätswerkes in der Weise, daß die Kostenkurve der kalorischen Energierzeugung innerhalb der Kurvenschar verbleibt. Bei sehr hohen Konsumfaktoren besteht zwischen den Kosten der erzeugbaren Kilowattstunde der Verbundbetriebe bzw. gegenüber den Kosten der kalorischen Energie bloß ein Unterschied von 4,5%; mit der Abnahme des Konsumfaktors gehen die Kostenkurven mehr und mehr auseinander, so daß bei einem Konsumfaktor von 0,5 und bei einem hydrokalorischen Faktor von 100% die Kosten der Kilowattstunde des Verbundbetriebes rund 2,5mal so groß sind, wie die eines Verbundbetriebes mit einem hydrokalorischen Faktor von bloß 12,5%.

Auf Grund dieser Erscheinung kann festgestellt werden, daß der Einfluß des hydro-kalorischen Faktors auf die Preisbildung der Verbundbetriebe untereinander, sowie gegenüber den Kosten des unter identischen Belastungsverhältnissen arbeitenden kalorischen Werkes von der Größe des Konsumfaktors wesentlich abhängt. Der Ertrag einer Wasserkraft hängt somit nicht nur von den Wasserabfluß- und Investitionsverhältnissen, nicht nur von der Kostenlage der hydraulisch erzeugbaren Energie gegenüber der kalorischen Energie, sondern im hohen Maße auch von der Konstruktion des Verbundbetriebes ab, in welchen das Laufkraftwerk eingeschaltet werden soll.

Es ist lehrreich, den Verlauf der Kostenlinie der kalorischen Energieerzeugung gegenüber den Kostenlinien der Verbundbetriebe zu verfolgen. Mit der Verminderung des Konsumfaktors zeigt sich der Einfluß der in großen Mengen gelieferten hydraulischen Energie auf die Kostenbildung der Verbundbetriebe derart entscheidend, daß bei einem genügend niedrigen Konsumfaktor ein jeder hydrokalorische Verbundbetrieb, dessen hydrokalorischer Faktor unter 1 liegt, die Kilowattstunde billiger erzeugen kann, als ein kalorisches Werk gleicher Größe; sobald aber der Konsumfaktor mehr und mehr zunimmt, verliert das hydraulische Werk mehr und mehr an Einfluß.

Die Kostenlinien der Verbundbetriebe können gemäß Abb. 38 in zwei Gruppen eingeteilt werden. Die mit einem hydrokalorischen Faktor von über 50% verlaufen ähnlich wie die Linien der kalorischen Energieerzeugung, indem die Kosten der erzeugten Kilowattstunde sich umso niedriger gestalten, je größer die erzeugte Energiemenge des Verbundbetriebes ist; die Linien, deren hydrokalorischer Faktor unter 50% liegt, kehren demgegenüber bei niedrigen Konsumfaktoren um, so daß die Kosten der Kilowattstunde umso niedriger ausfallen, je kleiner die erzeugte Energiemenge ist. Jene mit den höheren hydrokalorischen Faktoren sind die teueren, die mit den niedrigen hydrokalorischen Faktoren die billigen Werke. Diese Eigenschaft der billigen Werke zeigt sich im erhöhten Maße bei hydrokalorischen Faktoren unter 25%.

b) Mehrere Laufkraftwerke und ein kalorisches Spitzenkraftwerk

Der Einfluß der Grundenergie auf die Bildung der Erzeugungskosten des Verbundbetriebes hängt größtenteils von der perzentuellen Teilnahme derselben an der Gesamterzeugung ab; sobald ein Laufkraftwerk in ein Elektrizitätswerk einarbeiten muß, dessen Jahresbedarf die von dem Laufkraftwerke erzeugbare Energiemenge mehr und mehr übersteigt, verliert das Laufkraftwerk nach und nach die Eigenschaft, einen fühlbaren Einfluß auf die Bildung der Erzeugungskosten des Verbundbetriebes ausüben zu können. Es fragt sich nun, ob und in welchem Ausmaße dieser Einfluß des Laufkraftwerkes rückgewonnen werden kann, wenn zur Lieferung der Grundenergien des betreffenden Elektrizitätswerkes weitere Laufkraftwerke ausgebaut werden, so daß der Verbundbetrieb aus einem kalorischen Spitzenkraftwerk und aus mehreren Laufkraftwerken bestehen wird.

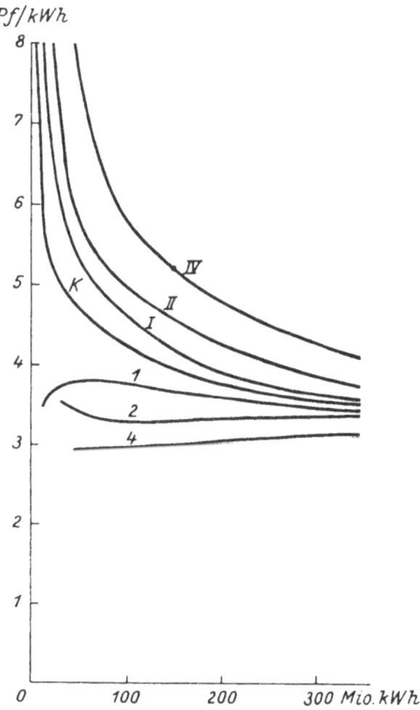

Abb. 39. Erzeugungskosten von Verbundbetrieben enthaltend mehrere Laufkraftwerke

In der Tabelle 28 sind die Kostenberechnungen eines hydrokalorischen Verbundbetriebes für den Fall angeführt, wenn die Grundenergie eines Elektrizitätswerkes mit einem Jahresbedarfe von 88000000 kWh von zwei mit dem Urftwerke gleichen Laufkraftwerken geliefert wird; Tabelle 29 enthält dieselben Berechnungen für den Fall, wenn in dem Verbundbetriebe vier Laufkraftwerke teilnehmen. Die Erzeugungskosten wurden wahlweise bei hydrokalorischen Faktoren von 100% bzw. 50%, 25%, 12,5% durchgeführt.

Die Kosten der erzeugten Kilowattstunde der Verbundbetriebe wurden in der Abb. 39 in Abhängigkeit von der Jahreserzeugung der Verbundbetriebe bei hydrokalorischen Faktoren von 100% bzw. 12,5% aufgezeichnet. Es bezeichnen in der Abb. 39 Kurven I, II, IV die Kosten

Tabelle 28. Erzeugungskosten von hydrokalorischen Verbundbetrieben, enthaltend zwei Laufkraftwerke

Preis von 10000 kcal Kohle ab Kraftwerk 3 Pf
Jahresleistung des Verbundbetriebes 88 Millionen kWh
Höchstbelastung 29300 kW

Ausbau der Laufkraftwerke je kW	3000	6000	9000	12000
Ausbau des kalorischen Kraftwerkes kW	42000			
Anlagekosten des kalorischen Kraftwerkes RM	13200000			
Wärmeverbrauch des Turbinensatzes kcal/kWh	4200			
Kohlenkosten/kWh bei Vollast Pf	1,26			
Wirkkohlenkosten/kWh Pf	1,06			
Kohlenkosten je Stunde Leerlauf der Turbine RM	30			
Kohlenkosten je Stunde Leerlauf des Kessels RM	30			
Jährlich verwertete hydraulische Energie kWh	33600000	39000000	40000000	40000000
Jährlich zu erzeugende kalorische Energie kWh	54400000	49000000	44000000	44000000
Betriebsstunden der Turbine h	7100	5500	4400	4100
Betriebsstunden des Kessels h	7100	5500	5000	5000
Jahreskosten RM:				
Leerverluste des Kessels	215000	165000	133000	123000
Leerverluste der Turbine	215000	165000	150000	150000

Wirkheizstoffe	575000	520000	465000	465000
Schmier-, Putz- und Dichtungsstoffe	56000	42000	38000	37000
Personalausgaben	205000	200000	194000	194000
Verzinsung und Amortisation	920000	920000	920000	920000
Erneuerung und Erhaltung	710000	642000	590000	580000
Verwaltungsausgaben	145000	133000	125000	123000
Jahreskosten des kalorischen Spitzenkraftwerkes RM	3041000	2787000	2615000	2592000
Jahreskosten der hydraulischen Grundenergie bei einem hydrokalorischen Faktor von 100%	1480000	1960000	2440000	2920000
50%	740000	980000	1220000	1460000
25%	370000	490000	610000	730000
12,5%	185000	245000	305000	365000
Jahreskosten des Verbundbetriebes bei einem hydrokalorischen Faktor von 100%	**4521000**	4747000	5055000	5512000
50%	3781000	**3767000**	3835000	4052000
25%	3411000	3227000	**3225000**	3322000
12,5%	3226000	3032000	**2920000**	2957000
Kosten der erzeugten kWh des Verbundbetriebes bei einem hydrokalorischen Faktor von 100% Pf	5,13			
50%		4,28		
25%			3,66	
12,5%			3,32	

Tabelle 29. Erzeugungskosten von hydro-kalorischen Verbundbetrieben, enthaltend vier Laufkraftwerke

Preis von 10000 kcal Kohle ab Kraftwerk 3 Pf
Jahresleistung des Verbundbetriebes 88 Millionen kWh
Höchstbelastung 29300 kW

Ausbau der Laufkraftwerke je kW	3000	4000	5000	6000
Ausbau des kalorischen Kraftwerkes kW	39000			
Anlagekosten des kalorischen Kraftwerkes RM	12500000			
Wärmeverbrauch des Turbinensatzes kcal/kWh	4200			
Kohlenkosten/kWh bei Vollast Pf	1,26			
Wirkkohlenkosten/kWh Pf	1,06			
Kohlenkosten je Stunde Leerlauf der Turbine RM	26			
Kohlenkosten je Stunde Leerlauf des Kessels RM	26			
Jährlich verwertete hydraulische Energie kWh	53000000	56000000	57500000	58000000
Jährlich zu erzeugende kalorische Energie kWh	35000000	32000000	30500000	30000000
Betriebsstunden der Turbine h	4400	3200	2750	2450
Betriebsstunden des Kessels h	4400	4000	4000	4000
Jahreskosten RM:				
Leerlaufverluste der Kessel	115000	83000	72000	64000
Leerlaufverluste der Turbine	115000	104000	104000	104000
Wirkheizstoffe	370000	340000	325000	320000

Schmier-, Putz- und Dichtungsstoffe	30000	26000	25000	24000
Personalausgaben	180000	175000	170000	170000
Verzinsung und Amortisation	875000	875000	875000	875000
Erneuerung und Erhaltung	560000	515000	495000	480000
Verwaltungsausgaben	112000	106000	103000	102000
Jahreskosten des kalorischen Werkes RM	2357000	2224000	2169000	2139000
Jahreskosten der hydraulischen Grundenergie bei einem hydrokalorischen Faktor von 100%	2960000	3360000	3640000	3920000
50%	1480000	1680000	1820000	1960000
25%	740000	840000	910000	980000
12,5%	370000	420000	455000	490000
Jahreskosten des Verbundbetriebes bei einem hydrokalorischen Faktor von 100%	**5317000**	5584000	5809000	6059000
50%	**3837000**	3904000	3989000	4099000
25%	3097000	**3064000**	3079000	3119000
12,5%	2727000	2644000	**2624000**	2629000
Kosten der erzeugten kWh des Verbundbetriebes bei einem hydrokalorischen Faktor von 100% Pf.	6,04			
50%	4,36			
25%		3,48		
12,5%			2,98	

der erzeugten Kilowattstunde des Verbundbetriebes bei einem hydrokalorischen Faktor von 100% für den Fall, daß die Grundenergie von 1, 2 bzw. von 4 Laufkraftwerken erzeugt wird; Kurven 1, 2, 4 stellen die Kosten der erzeugten Kilowattstunde des Verbundbetriebes bei einem hydrokalorischen Faktor von 25% für den Fall dar, daß die Grundenergie von 1, 2 bzw. 4 Laufkraftwerken erzeugt wird; Kurve *K* zeigt die Erzeugungskosten der kalorischen Energie. Als Abszissen der Kurven sind die jährlich erzeugten Energiemengen der Elektrizitätswerke aufgetragen.

Aus den Kurven der Abb. 39 ist zu ersehen, daß der Einfluß der Einreihung mehrerer Laufkraftwerke in den Verbundbetrieb vom hydrokalorischen Faktor der Werke abhängt. Beträgt der hydrokalorische Faktor 100%, dann ergeben sich für den Verbundbetrieb umso höhere Erzeugungskosten, je mehr Laufkraftwerke darin teilnehmen, je mehr hydraulische Energie geliefert wird; ist dagegen der hydrokalorische Faktor bloß 25%, dann erniedrigen sich die Erzeugungskosten des Verbundbetriebes um so mehr, je mehr Laufkraftwerke in denselben einbezogen werden, je größerer Teil des Energiebedarfes hydraulisch erzeugt wird. Die Grenze, wo eine Vermehrung der Laufkraftwerke die Erzeugungskosten weder erhöht, noch vermindert, liegt etwa bei einem hydro-kalorischen Faktor von 50 ÷ 60%.

2. Die Speicherwasserkräfte in der Energieerzeugung

A. Elemente der Kostenberechnung

a) Die Speicherung in der üblichen Auffassung

In den Erzeugungskosten eines hydrokalorischen Verbundbetriebes betragen die Kosten der kalorischen Spitzenenergien und der kalorisch zu deckenden Wassermangelflächen der Grundenergien bedeutende Beträge, welche die Kosten der Kilowattstunde wesentlich erhöhen. Hiebei fließen auch bedeutende Wassermengen unverarbeitet dem Flußkraftwerke vorbei. Es erscheint somit das Bestreben, mit Hilfe von Speicherung des abfließenden Wassers auch die Spitzen und Wassermangelflächen hydraulisch zu decken und die abfließenden Wassermengen möglichst restlos zu verarbeiten, vollkommen begründet. Es läßt sich jedoch beweisen, daß solche selbständige Jahresspeicherwerke mit den Anlagekosten des Speicherbeckens so schwer belastet werden, daß sie ihre Konkurrenzfähigkeit gegenüber der selbständigen Energieerzeugung kalorischer Großkraftwerke nur ausnahmsweise bewahren können.

Die jährlich abfließenden Wassermengen ändern sich zwischen weiten Grenzen; in einem nassen Jahre fließt unter Umständen zwei- bis dreimal so viel Wasser ab als in dem trockensten Jahre. Für die Sicherung der Ausbauleistung ist aber nur die selbst im trockensten Jahre abfließende Wassermenge geeignet, so daß der jährliche Energieabsatz eines selbständigen Speicherwerkes nicht größer sein dürfte als die im trockensten Jahre abfließende Arbeit in Kilowattstunden. Die in dem durchschnittlichen, gar in den nassen Jahren abfließenden Wassermengen müßten bei dieser Betriebskonstruktion unverarbeitet abgelassen werden. Wollte man dennoch das im Durchschnitte von 10 bis 20 Jahren abfließende Wasser in Energie verarbeiten, dann müßten zum Ausgleich der nassen und trockenen Jahre gewaltige Speicheranlagen errichtet werden; der niedrige Ausbau des zugehörigen hydraulischen Werkes wird aber durch die gewaltigen Investitionskosten der Talsperren so hoch belastet, daß eine Konkurrenzfähigkeit derselben gegenüber kalorischer Werke nur in Ausnahmsfällen gesichert werden könnte.

Wir werden im folgenden kurz untersuchen, wie die Erzeugungsverhältnisse der Urfttalsperre sich gestalten, falls diese selbständig arbeiten würde.

Die Jahresabflußmenge des Urftflusses beträgt im Durchschnitte 160000000 m³, die im trockensten Jahre etwa 110000000 m³. Mit einem durchschnittlichen Gefälle von 90 m können im Durchschnittsjahre etwa 26000000 und im trockensten Jahre etwa 17000000 kWh erzeugt werden; der Verbrauch, welcher von der Urfttalsperre, ohne einer kalorischen Hilfsanlage, mit Energie sicher versorgt werden könnte, beläuft sich somit auf höchstens 17000000 kWh. Bei einer spezifischen Belastung von 2500 kWh/kW ergibt sich hieraus eine Höchstbelastung des zu versorgenden Elektrizitätswerkes von 6800 kW.

Die Anlagekosten dieses Flußkraftwerkes betragen gemäß Kurve X der Abb. 34 3250000 RM; soll aber das Werk selbständig arbeiten, dann müßte es mit Reserveturbinen ausgerüstet und das ganze Werk für eine hohe Betriebssicherheit entworfen werden. Die Anlagekosten steigen damit auf etwa 3750000 RM. Zu einem Ausgleich der Energiedarbietung des trockensten Jahres und des Energiebedarfes des Elektrizitätswerkes sollte ein Speicherbecken errichtet werden, das rund 28% der jährlichen Abflußmenge aufnehmen kann; es sollte daher im vorliegenden Falle für einen nützlichen Inhalt von 30000000 m³ bemessen werden. Die Investitionskosten des Beckens dieser Größe betragen etwa 5200000 RM, so daß die Gesamtinvestition des vollen Werkes auf 8950000 RM ansteigt.

Die Erzeugungskosten dieses selbständig arbeitenden Werkes können in etwa 11% des Anlagekapitals, daher auf 980000 RM festgestellt werden, so daß die erzeugbare Kilowattstunde auf 5,8 Pf. käme. Demgegenüber sind die Erzeugungskosten eines selbständigen kalorischen Werkes gleicher Größe, bei einem Kohlenpreise von 1,5 Pf/10000 kcal, bloß 5,0 Pf/kWh und die eines kalorischen Großkraftwerkes für eine jährliche Leistung von 300000000 kWh bloß 2,91 Pf/kWh. Das selbständig arbeitende Jahresspeicherwerk wäre somit gegenüber der kalorischen Energieerzeugung nicht konkurrenzfähig.

Falls das Speicherwerk selbständig arbeitet, gehen jährlich beträchtliche Wassermengen unverarbeitet verloren. Um die Abflußmengen eines Durchschnittsjahres möglichst voll verarbeiten zu können, pflegt man die Jahresspeicherwerke auf diese Abflußmengen auszubauen und zur Sicherung der Leistungsfähigkeit eine kalorische Hilfsanlage aufzustellen. Eine solche Betriebskonstruktion kann keineswegs wirtschaftlich bezeichnet werden; erstens werden gegen hohe Kosten auch solche Wassermengen gespeichert, welche bloß unsichere Rohenergien liefern können und somit außer der Speicherung noch die Aufstellung kalorischer Maschinen bedingen; zweitens bleiben die Ausbauten des hydraulischen Werkes niedrig, so daß durch die hohen Anlagekosten des hydraulischen und kalorischen Werkes die Kilowatt-Ausbauten schwer belastet werden und demzufolge die Erzeugungskosten der Kilowattstunde hoch ausfallen müssen.

Das Speicherbecken sollte in diesem Falle zur Speicherung von etwa 31% der im Durchschnittsjahre abfließenden Wassermenge, somit für eine Aufnahmsfähigkeit von 0,31 × 160000000 ≅ 50000000 m³ ausgebaut werden; die Jahresarbeit des Werkes erhöht sich auf 26000000 kWh, und die Höchstleistung kann bis 10000 kW gesteigert werden. Das kalorische Kraftwerk müßte samt Reserven auf etwa 2000 kW ausgebaut werden. Die Anlagekosten des hydraulischen Werkes erhöhen sich auf 4600000 RM, die der Talsperre auf 5700000, zusammen auf 10300000 RM; die Anlagekosten des kalorischen Hilfswerkes belaufen sich auf 1500000 RM. Die jährlichen Kosten der hydraulischen Energieerzeugung sind somit 1100000 RM und die des kalorischen Hilfswerkes rund 400000 RM, somit zusammen 1500000 RM, so daß die Erzeugungskosten der Kilowattstunde 5,8 Pf betragen.

Die berechneten Beispiele weisen darauf hin, daß hydraulische Werke, die zum Ausgleiche der Energiedarbietung und des Energieverbrauches mit großen Jahresspeicherbecken ausgerüstet werden, für die Erzeugung des Gesamtenergiebedarfes eines Elektrizitätswerkes nur ausnahmsweise geeignet werden können; eine Jahresspeicherung ist im allgemeinen viel zu kostspielig dazu, um unsichere Abflußenergien, die kalorisch noch separat gesichert werden müssen, mit den Zinsen einer langfristigen Speicherung belasten zu dürfen. Solche Jahresspeicherwerke hatten eine Berechtigung so lange, bis die Energie an kleineren kalorischen Kraftwerken gegen hohe Kosten erzeugt wurde; mit der Entwicklung der Energiegroßwirtschaft, mit dem Bau von kalorischen Großkraftwerken verlieren jedoch die Jahresspeicherwerke in dieser Konstruktion ihre Konkurrenzfähigkeit und hiemit ihre Bedeutung.

Gewaltige Jahresspeicherwerke sind zum Zwecke eines Ausgleiches der Energiedarbietung und des Energiebedarfes in den Vereinigten Staaten von Amerika besonders beliebt. Die Alabama Power Company hat an dem Tallapoosafluß ein Speicherbecken — den Martindamm — errichtet, welches bei einem Gefälle von 45 ÷ 30 m rund 2000000000 m³ Wasser, somit 150000000 kWh faßt.[1] Die General Gas and Electric Corporation in South-Carolina baut am Saludafluß eine Talsperre, die bei einem Gefälle von 50 m rund 4000000000 m³ Wasser, somit 390000000 kWh aufnehmen kann; die Georgia Power Company besitzt gewaltige

[1] Saville T., The power situation in the southern Appalachian States. Manufacturers Record, 21. und 28. April 1927.

Speicherwasserkraftwerke mit einem Gesamtausbau von 210000 kW und mit einer Speicherfähigkeit von 165000000 kWh; demgegenüber verfügt sie über eine kalorische Reserve von bloß 24000 kW.

b) Die Speicherung des Abflußwassers in der modernen Energiewirtschaft

α) Zweck der Speicherung

Die Kosten der von einem kalorischen Werke erzeugten Energie stellen sich teils aus den Kosten der Heizstoffe, teils aus den mit den Anlagekosten zusammenhängenden Ausgaben zusammen; und da die Leistungsfähigkeit eines Laufkraftwerkes gegen Wasserschwankungen durch Aufstellung eines kalorischen Werkes, bzw. durch Vergrößerung des kalorischen Spitzenkraftwerkes gesichert werden muß, so haben die „kilowattlosen" Kilowattstunden eines Laufkraftwerkes keinen höheren Wert als etwa die Heizstoffkosten der hydraulisch ersetzten Energien; ist die kalorische Energie vollwertig, dann kann die hydraulische Energie eines Laufkraftwerkes bloß halbwertig genannt werden, da die mit den Anlagekosten eines kalorischen Ersatzwerkes zusammenhängenden Ausgaben, wie Verzinsung, Amortisation, Erneuerung, Versicherung, noch außer den Kosten der hydraulischen Energie gedeckt werden müssen. Diese Wertverhältnisse der hydraulischen Energie kommen auch in den Verkaufsbedingungen der Energie zum Vorschein. Die Bayernwerke verlangen z. B. für die Energie einen Leistungspreis von jährlich 1400 kg 6500 kcal Kohle für jedes in Anspruch genommene Kilowatt, außerdem 0,7 kg Kohle je Kilowattstunde.[1] Wünscht der Konsument keine unbedingte Lieferung der Energie, dann hat er bloß den Arbeitspreis zu entrichten.

Solange die Speicherung dazu benutzt wird, um unsichere Abflußmengen aufzubewahren, wird bloß die Menge der verwerteten hydraulischen Energie vergrößert; die Kilowattstunde hydraulischer Energie bleibt aber trotz der Speicherung bloß halbwertig. Kann aber die Speicherung zur Sicherung der ausgebauten Leistungsfähigkeit des Laufkraftwerkes benutzt und hiedurch der Bau eines kalorischen Ersatzwerkes erspart werden, dann wird die Energieerzeugung nicht nur von den Kosten der Heizstoffe, sondern auch von den mit den Anlagekosten eines kalorischen Ersatzwerkes zusammenhängenden Ausgaben befreit; hiemit gewinnt die hydraulische Energie an Qualität und erhöht sich auf den Vollwert der kalorischen Energie.

Eine Sicherung der Ausbauleistungsfähigkeit eines Wasserkraftwerkes bedeutet nicht die unbedingte, langfristige Betriebsbereitschaft, die kalorische Werke anbieten. Die Sicherung der Ausbauleistungsfähigkeit des hydraulischen Werkes bedeutet so viel, daß die Höchstbelastung des Elektrizitätswerkes von dem hiezu bestimmten hydro-

[1] Deutscher Bericht an die Weltkraftkonferenz in Basel, 1926.

kalorischen Verbundbetriebe gedeckt werden kann. Zur Veranschaulichung des Begriffes der Sicherung der Ausbauleistungsfähigkeit eines hydraulischen Werkes sind in der Abb. 40 die Tagesdiagramme I eines Elektrizitätswerkes aufgezeichnet. Ein hydraulisches Werk mit dem gesicherten Ausbau von $\overline{AB}$ kW soll in das genannte Elektrizitätswerk hineinarbeiten; solange eine genügende Wassermenge abfließt, gestalten sich die Betriebsverhältnisse der hydraulischen und der kalorischen Werke gemäß Fig. a, wo die hydraulisch gelieferten Energiemengen schraffiert dargestellt sind; das kalorische Werk deckt an solchen Tagen die Spitzenteile der Belastungen. Falls die Abflußmengen sinken, (um die ausgebaute Leistungsfähigkeit von $\overline{AB}$ kW abgeben zu können) steigt die hydraulische Energie gemäß Fig. b in den spezifisch weniger belasteten Teil des Tagesdauerdiagrammes; sobald die Abflußmengen auf den Mindestwert sinken, übernimmt das hydraulische Werk laut Fig. c die Lieferung der Spitzenteile und das kalorische Werk erzeugt an solchen wasserarmen Tagen die Grundenergien.

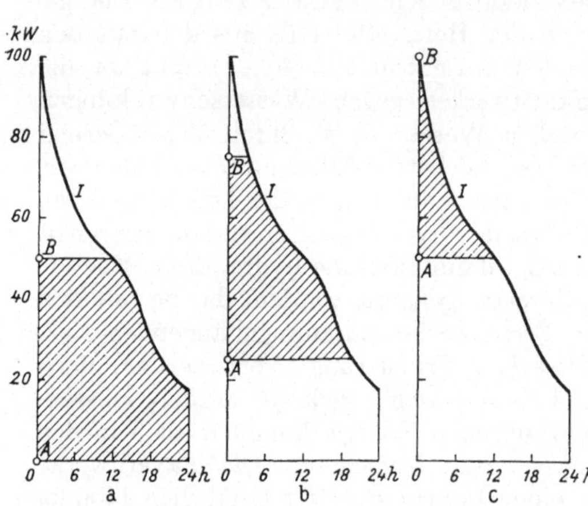

Abb. 40. Betriebseinteilung von hydraulischen Spitzenkraftwerken

β) *Grundlagen für die Bestimmung des gesicherten Ausbaues*

Tages-, Wochen- und Jahresspeicherung. Die gesicherte Leistungsfähigkeit einer Wasserkraft kann durch Einpassen der Arbeit der abfließenden Mindestwassermenge in das Tagesdiagramm des Elektrizitätswerkes bestimmt werden. Zufolge der von Tag zu Tag periodisch wiederkehrenden Belastungsverhältnisse eines Elektrizitätswerkes können zur Sicherung der Ausbauleistung einer Wasserkraft in erster Reihe die an einem Tage abfließenden Mindestwassermengen herangezogen werden. Da es vorkommen kann, daß die Mindestwassermengen — wenn auch nur ausnahmsweise — in den Wintermonaten abfließen, so sollte man vorsichtigerweise die gesicherte Leistungsfähigkeit aus den Mindestwassermengen eines Tages und aus dem Tagesdiagramme der höchsten Belastung bestimmen.

Nehmen wir an, daß in ein Elektrizitätswerk, dessen Belastungsdauerdiagramm an einem Winterwochentage bei 10000 kW Höchstbelastung in der Abb. 41 durch Kurve I dargestellt ist, ein mit Speicherung ausgerüstetes hydraulisches Werk einarbeitet. Die vom Diagramme I eingeschlossene Fläche mißt den Energiebedarf des Elektrizitätswerkes an dem betreffenden Tage, somit gemäß dem Diagramme 120000 kWh. Falls die Leistungsfähigkeit der Wasserkraft bei der Verarbeitung der Mindestwassermenge $No = 200$ kW beträgt, dann steigt die Tagesarbeit derselben auf $24 \times 200 = 4800$ kWh. Diese unter allen Umständen vorhandene Tagesarbeit wird in den Spitzenteil des Diagrammes I eingeschoben und mit der Linie $\overline{B_1 C_1}$ abgegrenzt. Fläche $A B_1 C_1$ ist gleich 4800 kWh; die Spitze $\overline{A B_1} = 3000$ kW bezeichnet den gesicherten Ausbau des Werkes.

Der Energieverbrauch und die Höchstbelastung eines Elektrizitätswerkes an Sonn- und Feiertagen ist wesentlich niedriger als an Wochentagen, so daß an solchen Tagen der volle Bedarf des Elektrizitätswerkes von dem kalorischen Teile des hydrokalorischen Verbundbetriebes geleistet werden kann. Während den Sonn- und Feiertagen kann somit der gesamte Wasserabfluß mit Hilfe eines Speicherbeckens aufgefangen und zur Anreicherung der Mindestwassermengen der sechs Wochentage einer jeden Woche herangezogen werden. Hiemit wird an Wochentagen eine Energiemenge von $1{,}16 \times 24 \times No$ (im vorliegenden Falle 5500 kWh) zur Sicherung der Ausbauleistung des hydraulischen Werkes zur Verfügung stehen. Diese 16% betragende Mehrenergie erhöht selbstverständlich den gesicherten Ausbau des hydraulischen Werkes; die Erhöhung des Kilowatt-Ausbaues erfolgt jedoch nicht proportional der Zunahme der Kilowattstunden; falls die Arbeit der an einem Tage abfließenden Mindestwassermengen gemäß Abb. 41 AB_1C_1 kWh und der gesicherte Ausbau dementsprechend $\overline{A B_1}$ kW war, dann ergibt die Energiemenge der Wochenspeicherung $AB_2C_2 = 1{,}16 \times AB_1C_1$ einen gesicherten Ausbau von $\overline{AB_2}$ kW. Da aber der spezifische Inhalt der zusätzlichen Arbeit von $B_2B_1C_1C_2$ bedeutend größer ist als der der Tagesarbeit von $A B_1 C_1$, so folgt daraus, daß $\overline{AB_2} < 1{,}16\ \overline{AB_1}$ kW ist. Im vorliegenden Falle beträgt $\overline{AB_2} = 3200$ kW. Man kann den gesicherten Ausbau eines Tagesspeicherwerkes mit Hilfe einer Wochenspeicherung um etwa $6 \div 8\%$ vergrößern.

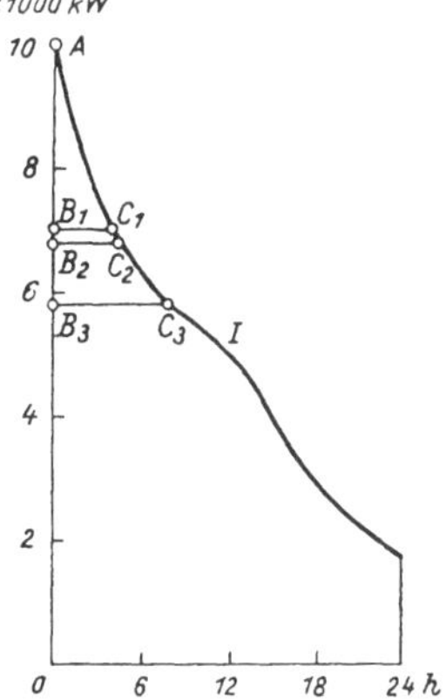

Abb. 41. Bestimmung des gesicherten Ausbaues von Speicherwasserkraftwerken

Die zur Sicherung der Ausbauleistung dienende Mindestwassermenge kann mit Hilfe einer langfristigen Speicherung der abfließenden Mindestwassermengen noch weiter erhöht und der gesicherte Ausbau des Werkes noch mehr vergrößert werden. Die Höchstbelastungen und damit auch der tägliche Energiebedarf eines Elektrizitätswerkes ist in den Sommermonaten gemäß Abb. 4 kleiner als in den Wintermonaten; demzufolge kann der Betrieb während der Sommermonate in der Weise geführt werden, daß der kalorische Teil des hydrokalorischen Verbundbetriebes mit der höchsten Leistungsfähigkeit arbeitet und nur die herausragenden, hiedurch verkürzten kilowattstundenarmen Spitzenteile von dem hydraulischen Werk gedeckt werden. Auf diese Weise werden — besonders bei Hochgebirgsflüssen — bedeutende Energiemengen überflüssig, welche mit Hilfe einer Speicherung zur Anreicherung der Winterabflußmengen übertragen werden können. Selbstverständlich sind zu einer derartigen langfristigen Speicherung bloß diejenigen Wassermengen geeignet, welche selbst in dem trockensten Jahre abfließen. Wenn die Überschußwassermengen des Sommerhalbjahres zur Anreicherung der Winterabflüsse übertragen werden, dann ergibt sich eine rund 100%ige Vermehrung der täglichen Abflüsse, so daß zur Sicherung der Ausbauleistung des Werkes etwa $2 \times 1{,}16 \times 24 \times No = 11000$ kWh zur Verfügung stehen. Diese Energiemenge wurde in der Abb. 41 mit der Fläche AB_3C_3 dargestellt; aus den bereits entwickelten Gründen wird aber $AB_3 < 2{,}32\, AB_1$. Man kann annehmen, daß die gesicherte Leistungsfähigkeit einer Wasserkraft mit Jahresspeicherung bloß um etwa 40% größer ausfällt, als die mit Tagesspeicherung.

Aus diesen Betrachtungen geht hervor, daß solche Wasserabflüsse, deren Mindestwassermenge aus irgend einem Grunde auf 0 sinken kann, zur Tagesspeicherung nicht geeignet sind.

Einfluß der Qualität und Quantität des Verbrauches auf die Ausbaugröße von Speicherwasserkraftwerken. Die gesicherte Leistungsfähigkeit eines hydraulischen Speicherkraftwerkes hängt nicht nur von der Größe der zur Verfügung stehenden Mindestwassermenge, sondern auch von der Quantität und Qualität der Belastung des Elektrizitätswerkes ab. Kurve I der Abb. 42 zeigt das Dauerdiagramm eines Elektrizitätswerkes mit einer Höchstbelastung von $\overline{OA_1} = 5000$ kW; das Dauerdiagramm eines anderen Elektrizitätswerkes ist mit Kurve II und dessen Höchstbelastung mit $\overline{OA_2} = 15000$ kW bezeichnet. In der Abbildung ist $\overline{OA_2} = 3\,\overline{OA_1}$. Die Arbeit der Mindestwassermenge eines Speicherkraftwerkes soll die Fläche $A_1B_1C_1$ erfüllen, falls das Speicherkraftwerk in das Werk I einarbeitet. Falls jedoch das hydraulische Werk zur Belieferung des Elektrizitätswerkes II herangezogen werden sollte, dann kann mit der Mindestwassermenge die Spitzenfläche $A_2B_2C_2 = A_1B_1C_1$ geleistet werden. Gemäß der Abb. 42 beträgt die gesicherte Ausbauleistung für das Elektrizitätswerk I $\overline{A_1B_1} = 3600$ kW; sobald aber das hydraulische Werk in das Elektrizitätswerk II einarbeitet, dessen Jahresbedarf dreimal so groß ist als der des Elektrizitätswerkes I, erhöht sich die gesicherte Leistungsfähigkeit desselben Speicherkraftwerkes auf $\overline{A_2B_2} = 7900$ kW, somit auf den 2,2fachen Wert.

Die gesicherte Leistungsfähigkeit ändert sich auch mit der spezifischen Belastung des Elektrizitätswerkes. Kurve I der Abb. 43 zeigt das Dauerdiagramm eines Elektrizitätswerkes, dessen spezifische Belastung 2000 kWh/kW und dessen Höchstbelastung $\overline{OA} = 15000$ kW beträgt; Kurve II repräsentiert das Dauerdiagramm eines anderen Elektrizitätswerkes, dessen Höchstbelastung gleichfalls mit $\overline{OA} = 15000$ kW identisch ist, dessen spezifische Belastung aber auf 4000 kWh/kW gestiegen ist. Ein hydraulisches Speicherwerk soll wahlweise in das Werk I bzw. II einarbeiten. Falls die Arbeit der abfließenden Mindestwassermengen wahlweise in die zwei Diagramme eingesetzt wird, dann zeigen sich als gesicherte Arbeiten die Flächenteile AB_1C_1

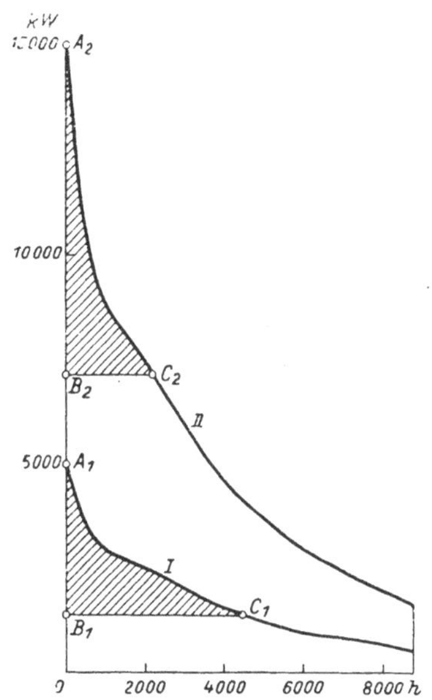

Abb. 42. Einfluß der Höchstbelastung des Elektrizitätswerkes auf den gesicherten Ausbau eines Speicherwasserkraftwerkes

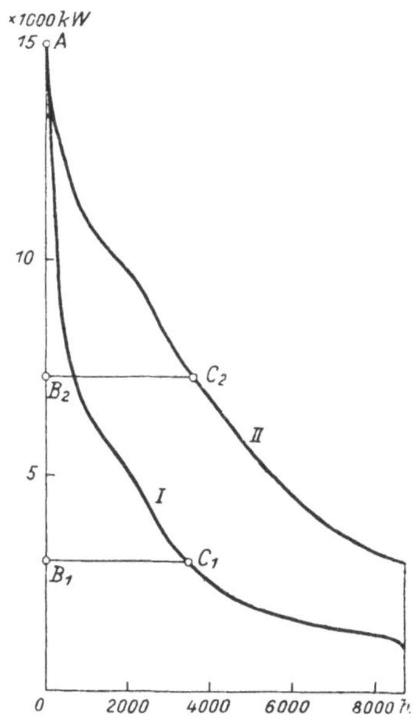

Abb. 43. Einfluß der spezifischen Belastung des Elektrizitätswerkes auf den gesicherten Ausbau eines Speicherwasserkraftwerkes

bzw. AB_2C_2 kWh, wobei $AB_1C_1 = AB_2C_2$ ist. Die bezüglichen gesicherten Leistungsfähigkeiten sind somit $\overline{AB_1} = 12000$ kW bzw. $\overline{AB_2} = 7700$ kW.

Es kann somit festgestellt werden, daß mit derselben Mindestwassermenge einer Speicherwasserkraft ein um so größerer Ausbau des Werkes gesichert werden kann, je größer der Jahresverbrauch und je niedriger die spezifische Belastung des Elektrizitätswerkes ist, in welches das Speicherwerk einarbeiten soll.

Falls die Arbeit der Mindestwassermenge in Kilowattstunden bekannt ist, kann der gesicherte Ausbau des Speicherkraftwerkes ohne einer besonderen Aufzeichnung der Dauerkurve aus Abb. 9 und 10 für eine jede Größe und spezifische Belastung des Elektrizitätswerkes abgelesen werden; Abb. 9 ist bei Tages- und Abb. 10 bei Jahresspeicherungen zu benutzen. Das Urftspeicherwerk kann in dem trockensten Jahre

17000000 kWh erzeugen; es soll in ein Elektrizitätswerk einarbeiten, dessen Jahresbedarf bei einer Höchstbelastung von 30000 kW 90000000 kWh beträgt. Die Jahresarbeit der Wasserkraft ist daher gleich mit 17000000 : 90000000 = 19% des Jahresbedarfes des Elektrizitätswerkes. Gemäß Kurve 2 der Abb. 10 entspricht einer Jahresarbeit von 19% eine Spitze von 62% der Höchstbelastung. Das Urftspeicherkraftwerk könnte somit unter den genannten Betriebsverhältnissen eine Spitzenbelastung von 0,62 × 30000 = 18600 kW sicher übernehmen.

c) Speicherwasserkräfte als Spitzenkraftwerke

Gemäß den durchgeführten Untersuchungen spielen bei der Bestimmung des gesicherten Ausbaues einer Speicherwasserkraft zwei Veränderliche wichtige Rollen: die Mindestwassermengen können durch Wahl der Speicherung (Tages-, Wochen-, Jahresspeicherung) und der Jahresbedarf des Elektrizitätswerkes durch Wahl des Absatzgebietes beeinflußt werden. Die Festlegung dieser Veränderlichen sollte im Einklange mit den Bedingungen der wirtschaftlichen Energieerzeugung geschehen.

Die Sicherung des Ausbaues des hydraulischen Werkes mit Hilfe von Speicherung des abfließenden Wassers wurde aus dem Grunde vorgeschlagen, um die Aufstellung von besonderen kalorischen Ersatzwerken, die in Wassermangelzeiten einspringen sollten, zu ersparen. Durch diese Art der Speicherung wird die Qualität der gelieferten hydraulischen Energie erhöht und deren Wert auf den vollen Wert der ersetzten kalorischen Energie gebracht. Da weiters durch eine entsprechende Gestaltung der den Ausbau des Werkes bestimmenden Faktoren die gesicherte Leistungsfähigkeit eines hydraulischen Werkes weit über den Sollausbau eines Laufkraftwerkes erhöht werden kann, so ergibt sich hiemit die Möglichkeit von Speicherwasserkräften ausgesprochene hochwertige Spitzenenergien liefern zu können.

Es kann eine scharfe, zahlenmäßige Grenze gezogen werden, welche die Spitzenenergien von den Grundenergien abtrennt. Ist die spezifische Belastung des Elektrizitätswerkes, welche von dem Speicherwasserkraftwerke beliefert wird, gleich S und die der mit gesicherter Leistungsfähigkeit gelieferten hydraulischen Energie s, dann wird der Charakter der gelieferten hydraulischen Energie durch das Verhältnis $s \lessgtr S$ bestimmt. Im Falle von $s = S$ ist die hydraulische Energie von derselben Qualität als die volle Energiemenge des Elektrizitätswerkes; die hydraulische Energie ist in diesem Falle vollwertig der kalorischen Energie; ist $s > S$, dann liefert das hydraulische Werk gesicherte Grundenergien, welche den gleichen Wert besitzen als die kalorische Grundenergie; ist jedoch $s < S$, dann repräsentiert die hydraulische Energie hochwertige Spitzenenergien um so mehr, je niedriger s gegenüber S ausfällt. Im Falle von $s > S$ arbeitet das Speicherkraftwerk allgemein als Grundkraftwerk und es übernimmt nur während der Wassermangelzeiten die Deckung der Spitzen; der kalorische Teil des Verbundbetriebes wird somit als Spitzenkraftwerk ausgeführt, welches ausnahmsweise auch Grundenergien liefern muß. Im Falle, wenn $s < S$, arbeitet das Speicherkraftwerk als Spitzenkraftwerk eines Verbundbetriebes, dessen Grundenergien von einem kalorischen Grundkraftwerke erzeugt werden; nur während der Zeiten großer Wasserabflüsse übernimmt das hydraulische Werk die Lieferung der Grundenergien, so daß das kalorische Werk während dieser Zeit den Spitzenbedarf zu decken hat.

Im Laufe der späteren Untersuchungen wird zahlenmäßig festgestellt werden, ob und unter welchen Betriebsverhältnissen eine Speicherwasserkraft als Grund- oder als Spitzenkraftwerk ausgebaut werden soll. Hier soll nur noch kurz untersucht werden, ob Speicherwasserkräfte zu Spitzenkraftwerken überhaupt geeignet sind. Eine grundlegende Bedingung der Spitzenkraftwerke ist die, daß die Anlagekosten des Kilowattausbaues niedrig ausfallen sollen. Die Anlagekosten des Kilowattausbaues von Wasserkraftwerken, insbesondere wenn dieselbe mit den Kosten der Speicherbecken belastet sind, gestalten sich im allgemeinen wesentlich höher als die Anlagekosten des Kilowattausbaues eines kalorischen Großkraftwerkes. Die Investitionskosten des bereits untersuchten Eglisauwerkes betragen bei einem Ausbau auf 28000 kW 1330 RM/kW. Die Anlagekosten der bereits öfters behandelten Urfttalsperre betragen bei der tatsächlich ausgeführten Leistungsfähigkeit von 8000 kW gemäß den entwickelten Ergebnissen bei $A = 1600000$ RM und $a = 240$ RM, zusammen 10700000 RM, so daß die Anlagekosten des Kilowattausbaues sich auf 1350 RM erhöhen; demgegenüber sind die Anlagekosten des Kilowattausbaues eines 28000 bzw. eines 8000 kW kalorischen Werkes gemäß Kurve 2 der Abb. 13 bloß 360 bzw. 410 RM. Wasserkräfte, die gemäß der üblichen Ausführungsweise errichtet werden, sind somit zu Spitzenkraftwerken nicht geeignet.

Wasserkraftwerke und besonders die mit einem großen Speicherbecken ausgerüsteten, haben im großen Maße die Eigenschaft, daß die Anlagekosten des Kilowattausbaues mit der Erhöhung der Ausbauleistungsfähigkeit kräftig abnehmen. Falls zum Beispiel die Urfttalsperre auf 60000 kW ausgebaut wäre, dann würden die Anlagekosten des Kilowattausbaues samt Speicherbecken bloß 385 RM betragen! Die Ursache hiefür liegt in dem niedrigen Wert von a, zufolge dessen die Investitionslinie flach verläuft. Im Wege einer entsprechenden Erhöhung der Ausbauleistungsfähigkeit kann daher jede Wasserkraft, deren Investitionslinie flach verläuft, die Grundbedingungen eines Spitzenkraftwerkes erfüllen.

Um aber eine Speicherwasserkraft zweckentsprechend hoch genug ausbauen zu können, sollte für dasselbe ein hydrokalorischer Verbundbetrieb geschaffen werden, in welchem es als Spitzenkraftwerk mit einer niedrigen spezifischen Belastung eingeschaltet werden kann. Zwecks Verminderung der Anlagekosten eines Speicherwasserwerkes sollte daher das hydraulische Speicherkraftwerk hoch ausgebaut und zur

Deckung der Spitzenteile eines Elektrizitätswerkes herangezogen werden, dessen jährlicher Energiebedarf ein mehrfacher der jährlichen Energiedarbietung des Speicherwasserkraftwerkes ist.

d) Jahresleistung, Beckengröße und Anlagekosten von Speicherwasserkraftwerken

α) *Bestimmung der verwerteten Energie von Tagesspeicherwerken*

Bei Laufkraftwerken fließen je nach dem Konsumfaktor des Werkes unter Umständen bedeutende Energiemengen unverarbeitet dem Werke vorbei; mit Hilfe der Tagesspeicherung kann ein Teil dieser Wassermengen während der Stunden der niedrigen Belastungen aufgefangen, um während der Zeit der hohen Belastung in Energie umgearbeitet zu werden. Kurve I der Abb. 44 zeigt das Tagesbelastungsdiagramm eines Elektrizitätswerkes. Die Leistungsfähigkeit des abfließenden

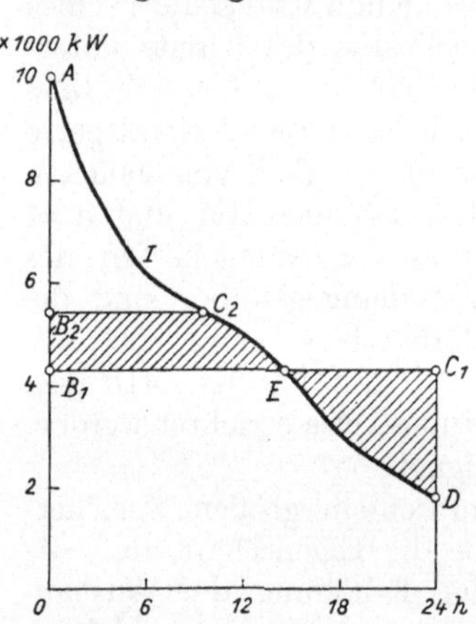

Abb. 44. Vergrößerung des Leistungsdauerdiagrammes eines Laufkraftwerkes durch Tagesspeicherung

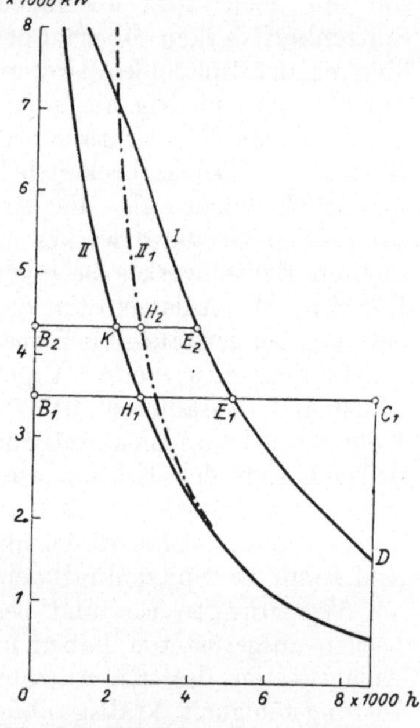

Abb. 45. Erhöhung der Tagesarbeit eines Laufkraftwerkes durch Tagesspeicherung

Wassers soll am selben Tage $\overline{OB_1} = 4300$ kW betragen. Trotzdem an dem betreffenden Tage die Energiemenge von AB_1E wegen Mangels an Wasser kalorisch gedeckt werden muß, müßte das Laufkraftwerk einen Teil der abfließenden Energiemenge, der mit der Fläche EC_1D gleich groß ist, — unverarbeitet abfließen lassen. Diese überschüssige Energie EC_1D kWh kann mit Hilfe von Tagesspeicherung auf die Zeiten der Höchstbelastungen in die Fläche $B_1B_2C_2E$ verschoben werden. Die Tagesspeicherung ist somit imstande, die Arbeit des abfließenden Wassers an dem betreffenden Tage von OB_1ED kWh auf OB_2C_2D kWh und die Leistungsfähigkeit von $\overline{OB_1}$ auf OB_2 zu erhöhen.

Die mit Hilfe von Tagesspeicherung während eines Jahres sich ergebenden Mehrenergien können auf Grund der jährlichen Dauerdiagramme bestimmt werden. Kurve I der Abb. 45 zeigt das Dauerdiagramm eines Elektrizitätswerkes, Kurve II das Leistungsdauerdiagramm eines Laufkraftwerkes. Bei einem Abflusse von $\overline{OB_1} = 3500$ kW verfügt das Werk über eine überschüssige Wassermenge von E_1C_1D kWh, welche Energiemenge mit Tagesspeicherung in die Fläche $B_1B_2E_2E_1$ übertragen werden kann; hierdurch ergibt sich bei einem Wasserabfluß von $\overline{OB_1}$ kW eine Leistungsfähigkeit des hydraulischen Werkes von $OB_2 = 4350$ kW. Diese Leistungsfähigkeit ist aber nicht während des ganzen Jahres, sondern bloß während $B_1H_1 = 2700$ Stunden des Jahres vorhanden. Nach dem Multiplikationsverfahren erhält man somit, daß die Belastung von $\overline{OB_2}$ kW, deren jährliche Dauer $\overline{B_2E_2} = 4100$ Stunden beträgt, jährlich $B_2E_2 \times B_1H_1 : 8760 = 4100 \times \times 2700 : 8760 = 1270$ Stunden lang von Wasser geleistet werden kann. Die Dauerlänge B_1H_1 muß somit in B_2H_2 übertragen werden, um die mit Hilfe von Tagesspeicherung verwertete Energie durch Multiplikation bestimmen zu können. Wenn diese Konstruktion bei verschiedenen Belastungen durchgeführt wird, ergibt sich die Linie II_1 als die Leistungsdauerkurve bei Tagesspeicherung.

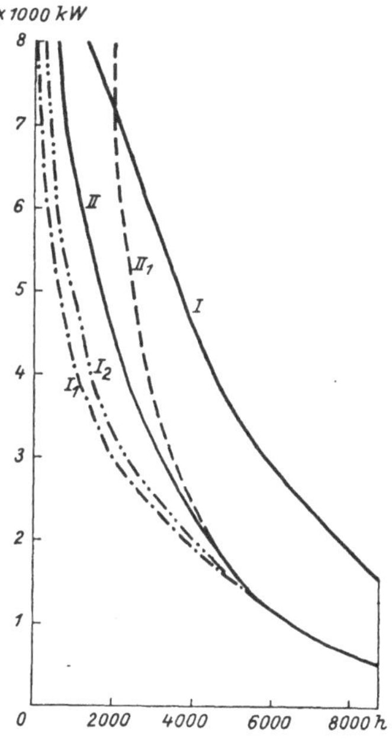

Abb. 46. Bestimmung der durch Tagesspeicherung jährlich verwerteten Energiemengen

Die Tagesspeicherung verschiebt somit die Leistungsdauerlinie II der Wasserkraft in die Stelle II_1. Die Abflußleistung von OB_2 kW ist bei dem Flußkraftwerke jährlich während B_2K Stunden vorhanden; zufolge der Tagesspeicherung verschiebt sich die jährliche Dauer derselben Abflußleistungsfähigkeit auf B_2H_2 Stunden. Die verwerteten Energiemengen werden nunmehr mit Hilfe des entwickelten Multiplikationsverfahrens aus Kurven I und II_1 berechnet. Kurven I, II und II_1 wurden aus Abb. 45 in die Abb. 46 übertragen; durch eine Multiplikation der Werte von I und II wurde die Kurve I_1 als das Dauerdiagramm der verwerteten Energie des Laufkraftwerkes, weiters durch eine Multiplikation der Werte von I und II_1 die Kurve I_2 als das Dauerdiagramm der mit Hilfe von Tagesspeicherung verwerteten Energiemengen errechnet.

Die Erhöhung der Arbeit mit Hilfe von Tagesspeicherung hängt nicht nur von der abfließenden Wassermenge, sondern auch von der Quantität und Qualität des Energieverbrauches ab; da das Leistungsdauerdiagramm der Tagesspeicherung mit Hilfe des Belastungsdauerdiagrammes des Elektrizitätswerkes konstruiert wird, so gehört zu jedem Belastungsdiagramm ein eigenes Dauerdiagramm der Tagesspeicherung.

Es wurden nunmehr auf Grund der Abb. 33 mit Hilfe der entwickelten Konstruktionen die durch Tagesspeicherung verwerteten Energiemengen des Uftwerkes für die Fälle berechnet, wenn das Werk in Elektrizitätswerke einarbeiten würde, deren Konsumfaktor 0,5, 1, 2 bzw. 4 beträgt. Nach einer schichtenweisen Planimetrierung der Flächenteile der einzelnen Diagramme werden die linearen Leistungsdiagramme der mit Speicherung verwerteten hydraulischen Energien entwickelt; diese Diagramme sind in der Abb. 47 mit 2_1, 3_1, 4_1, 5_1 bezeichnet. In dieser Abbildung wurden weiters aus Abb. 34 die Kurven 2, 3, 4, 5, die linearen Leistungsdiagramme der verwerteten Energien des Urftlaufwerkes übernommen.

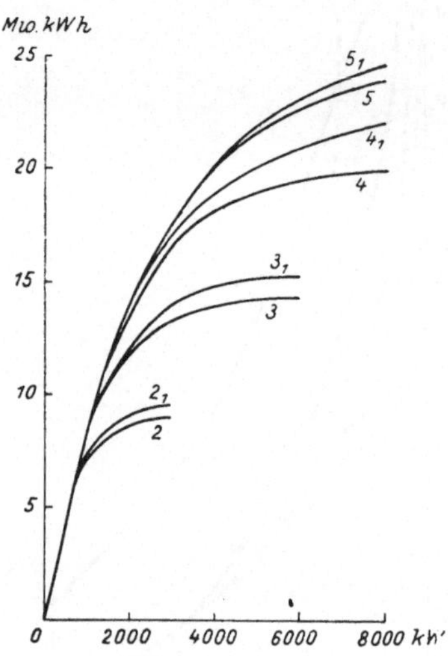

Abb. 47. Vergrößerung der jährlich verwerteten Energiemengen durch Tagesspeicherung

Die Kurven der Abb. 47 zeigen den Einfluß der Tagesspeicherung auf die Energieverwertung bei verschiedenen Konsumfaktoren. Dementsprechend kann festgestellt werden, daß die Tagesspeicherung die verwerteten Energien eines Laufkraftwerkes zu vermehren imstande ist; diese Energievermehrung ist jedoch bei Konsumfaktoren unter 1 und über 2 unbedeutend und nur bei einem Konsumfaktor von $1 \div 2$ erhöht sie sich auf etwa $7 \div 10\%$ der verwerteten Energiemengen des Laufkraftwerkes. Erzeugt zum Beispiel der wirtschaftlichste Ausbau einer Wasserkraft jährlich 10000000 kWh, dann ist die Energievermehrung zufolge einer Tagesspeicherung vernachlässigbar, solange der Energieverbrauch des Elektrizitätswerkes, in welches das hydraulische Werk einarbeitet, unter 10000000 bzw. über 20000000 kWh ist; falls der Energieverbrauch des betreffenden Elektrizitätswerkes sich zwischen 10000000 und 20000000 kWh stellt, dann beträgt die Vermehrung etwa $7 \div 10\%$ der verwerteten Energiemenge des betreffenden Laufkraftwerkes.

Die Wochenspeicherung überträgt die Abflußmengen der Sonn- und Feiertage auf die Wochentage; eine Vermehrung der verwerteten Energie gegenüber der Tagesspeicherung erfolgt daher lediglich nur zufolge der Vergrößerung der Ausbauleistungsfähigkeit. Aus dem gleichen Grunde vermehrt sich auch die durch Jahresspeicherung verwertete Energiemenge.

β) *Bestimmung der Sollinhalte von Speicherbecken*

Das Speicherbecken ist für die Aufnahme der zu übertragenden Wassermenge zu bemessen. Kurve I der Abb. 48 zeigt das Belastungsdiagramm eines Elektrizitätswerkes an einem Winterwochentage. Die Tagesarbeit der Mindestwassermenge wurde in die Spitzenteile der Kurve I geschoben und mit Linie II begrenzt. Der unter der Linie II liegende Flächenteil des Belastungsdiagrammes ist an dem betreffenden Tage kalorisch zu decken. Die sekundliche Leistung der Mindestwassermenge

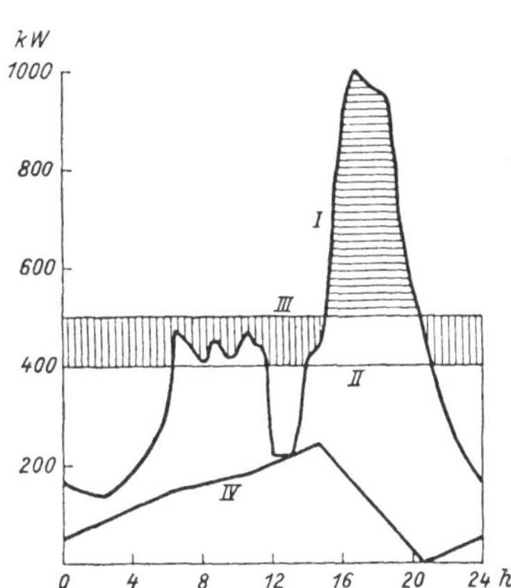

Abb. 48. Bestimmung des Soll-Inhaltes von Tagesspeicherbecken

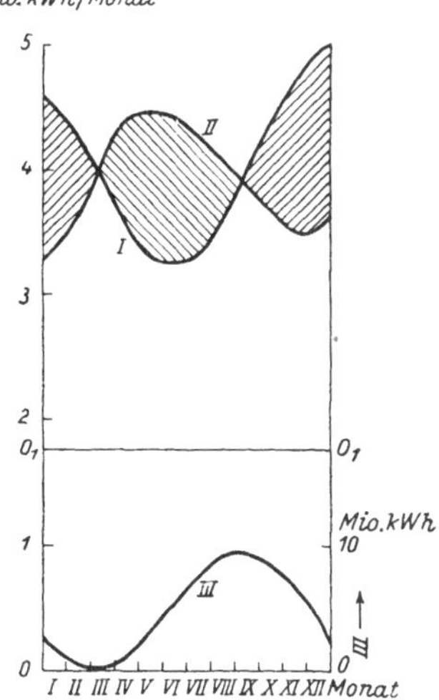

Abb. 49. Bestimmung des Soll-Inhaltes von Jahresspeicherbecken

wird durch die Abszissenlänge zwischen II und III bestimmt. Demgemäß sind die an dem betreffenden Tage überschüssigen Wasserenergien mit der Ordinatenachse parallel schraffiert; aus diesen Energiemengen sind mit Hilfe von Tagesspeicherung derselben die mit der Abszissenachse parallel schraffierten Flächenteile des Belastungsdiagrammes zu decken. Um den Soll-Inhalt des Speicherbeckens zu bestimmen, müssen die zu speichernden Energiemengen unter Abziehung der zur Deckung der Frühspitzen abzugebenden Energiemengen von Stunde zu Stunde berechnet werden. Auf diese Weise ist die Kurve IV entstanden, deren Ordinaten die aufgespeicherten Energiemengen in Kilowattstunden bezeichnen. Die höchste Ordinate der Kurve IV bezeichnet die Energiemenge, auf deren Aufnahme das Speicherbecken zu bemessen ist.

Die Bestimmung der Sollinhalte des Speicherbeckens im Falle von Jahresspeicherungen erfolgt gemäß der Abb. 49. Kurve I bezeichnet die monatlichen Energiebedarfe des Elektrizitätswerkes in Kilowattstunden in Reihenfolge der einzelnen Monate. Kurve II, deren zwölf auf die Achse $O_1 O_1$ bezogenen Ordinaten die Arbeiten der monatlich abfließenden Wassermengen im trockensten Jahre anzeigen, wurde in der Weise gegenüber Kurve I verschoben, daß die rechts schraffierten Flächenteile der Wasserüberschüsse die links schraffierten Flächenteile der Wassermangel gerade decken. Hiermit wird im trockensten Jahre der oberhalb der Linie O_1O_1 fallende Spitzenteil des Leistungsdiagrammes hydraulisch, der darüber fallende Grundteil kalorisch gedeckt. Kurve III zeigt die aufzuspeichernde Energiemenge von Monat zu Monat an; die höchste Ordinate dieser Kurve mißt den Sollinhalt des Speicherbeckens in Kilowattstunden.

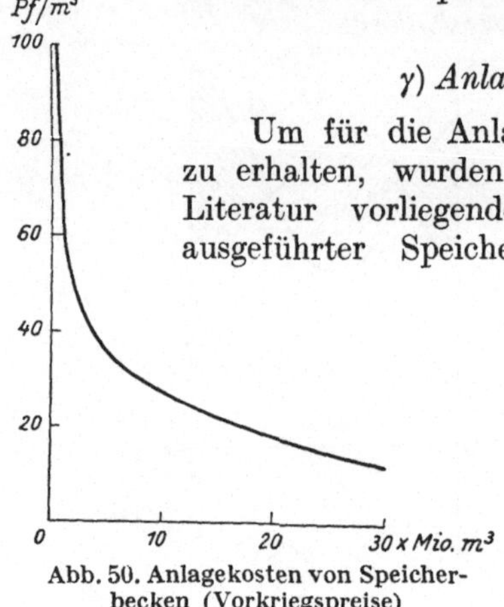

Abb. 50. Anlagekosten von Speicherbecken (Vorkriegspreise)

γ) *Anlagekosten von Speicherbecken*

Um für die Anlagekosten von Speicherbecken Richtpreise zu erhalten, wurden in der Abb. 50 auf Grund der in der Literatur vorliegenden Angaben[1] Mittelwerte der Kosten ausgeführter Speicherbecken aufgezeichnet. Die Ordinaten dieser Abbildung bezeichnen die Anlagekosten, der Kubikmeterinhalt von Speicherbecken und die Abszissen messen den Gesamtinhalt desselben. Die durch den Abszissen repräsentierten Kosten sind Vorkriegspreise, die noch mit einem Teuerungsfaktor zu multiplizieren sind, um auf die heutige Preislage zu kommen.

e) Berechnungsvorgang bei der Bestimmung der Kosten von mit Speicherung ausgerüsteten hydrokalorischen Verbundbetrieben

Das Urftwerk soll mit Tages- bzw. mit Jahresspeicherung ausgerüstet wahlweise in Elektrizitätswerke einarbeiten, deren Jahresbedarf einem Konsumfaktor von 0,5 bzw. 1, 2, 4, 8, 16 entsprechend 11000000 bzw. 22000000, 44000000, 88000000, 176000000, 352000000 kWh beträgt. Die bezüglichen Höchstbelastungen dieser Elektrizitätswerke sind gemäß einer spezifischen Belastung von 3000 kWh/kW 3650 bzw. 7300, 14600, 29200, 58600, 117000 kW. Die Mindestleistungsfähigkeit des abfließenden Wassers beträgt 800 kW und dementsprechend die gesicherte Tagesarbeit 19000 kWh.

Die gesicherte Leistungsfähigkeit des Werkes wird bei Tagesspeicherung mit Hilfe der Abb. 9, bei Jahresspeicherungen mit Hilfe der Abb. 10 bestimmt. Die Leistung des Elektrizitätswerkes beträgt an einem Winterwochentage bei einer spezifischen Belastung von 3000 kWh/kW und bei einer Höchstbelastung von N kW gemäß Kurve II der Abb. 9 etwa $12 \times N$ kWh. Die Tagesbedarfe der Elektrizitätswerke, in welche das Kraftwerk wahlweise einarbeiten soll, erhöhen sich somit auf

[1] Ziegler P., Der Talsperrenbau. Berlin: Wilhelm Ernst & Sohn. 1911.

(0,5, 1, 2, 4, 8, bzw. 16) $\times \frac{22000000}{3000} \times$ 12 kWh. Die 19000 kWh betragende Tagesarbeit der Mindestwassermenge kann dementsprechend in Perzenten der Tagesleistungen der Elektrizitätswerke ausgedrückt werden. Nehmen wir an, daß das hydraulische Werk bei einem Konsumfaktor von 2 in ein Elektrizitätswerk einarbeiten soll, dessen Jahresbedarf 2 × 22000000 = 44000000 kWh und dessen Höchstbelastung 44000000 : 3000 = 14600 kW und somit der Tagesbedarf des Elektrizitätswerkes an einem Winterwochentage 12 × 14600 = 175000 kWh beträgt. Die an einem Tage sicherlich abfließende Arbeit von 19000 kWh entspricht hiemit 19000 : 175000 = 10,8% des Tagesbedarfes. Gemäß Kurve 2 der Abb. 9 enthält ein Spitzenteil von 10,8% der Tagesarbeit eine Spitzenbelastung von 37% der Höchstbelastung, so daß die gesicherte Höchstbelastung 0,37 × 14600 = 5400 kW beträgt. Das kalorische Grundkraftwerk hat somit nur noch 14600—5400 = 9200 kW zu leisten.

Der Vorgang bei der Bestimmung des gesicherten Ausbaues des Speicherwasserkraftwerkes bei Jahresspeicherungen ist folgender. In dem trockensten Jahre fließt im Urftflusse eine Wassermenge von etwa 115000000 m³ ab; mit einem durchschnittlichen Gefälle von 90 m können somit in dem trockensten Jahre rund 19000000 kWh erzeugt werden. Diese gesicherte Energie wird vorerst in Perzenten des Jahresbedarfes der Elektrizitätswerke ausgedrückt, um aus Kurve 2 der Abb. 10 die zugehörigen Spitzenteile in Perzenten der Höchstbelastungen bestimmen zu können. Falls zum Beispiel das Speicherkraftwerk die Spitzen eines Elektrizitätswerkes decken soll, dessen Jahresbedarf — einem Konsumfaktor von 4 entsprechend — 88000000 kWh beträgt, dann werden 19000000 : 88000000, somit 22% des Jahresbedarfes hydraulisch geliefert; gemäß Kurve 2 der Abb. 10 entspricht eine 22%ige Spitzenenergie einem Spitzenteile von 66% der Höchstbelastung von 29300 kW. Die gesicherte Leistungsfähigkeit des Jahresspeicherwerkes beträgt daher unter den obwaltenden Verhältnissen 0,22 × 29300 = 19400 kW. Auf das kalorische Grundkraftwerk entfällt somit eine Höchstbelastung von 29300 — 19400 = 9900 kW.

Bei der Bestimmung der Ausbaugröße des kalorischen Grundkraftwerkes wird die Bedingung aufgestellt, daß das kalorische Werk wenigstens so hoch ausgebaut werden soll, daß es instand gesetzt wird, unter Einbeziehung seiner Reserven und seiner 10%igen Überlastbarkeit die Höchstbelastung des Elektrizitätswerkes auch allein decken zu können. Ist die Höchstbelastung des Elektrizitätswerkes N kW, dann sollte das kalorische Grundkraftwerk wenigstens auf 0,6 N und das Speicherkraftwerk auf höchstens 0,4 × N kW ausgebaut werden. Durch diese Annahme wird der Betrieb des Elektrizitätswerkes gegen alle Störungen im Speicherkraftwerke oder in deren Fernleitungen gesichert.

Die Jahresarbeit wird bei Tagesspeicherung mit Hilfe des Multiplikationsverfahrens gemäß Abb. 45 bestimmt; bei Jahresspeicherungen wird die volle Abflußmenge als verarbeitet betrachtet. Der Ausbau und

Tabelle 30. Erzeugungskosten der Urft-Verbundbetriebe bei Tagesspeicherung

Preis von 10000 kcal Kohle ab Kraftwerk 3 Pf

Konsumfaktor	0,5	2	4	16
Jahresarbeit der Verbundbetriebe kWh	11000000	44000000	88000000	352000000
Höchstbelastung der Verbundbetriebe kW	3650	14600	29200	117000
Gesicherte Tagesarbeit W_1 kWh	19000	19000	19000	19000
Wintertagesarbeit des elektrischen Werkes W_2 kWh	44000	176000	352000	1408000
$W_1 : W_2 = \%$	43%	10,75%	5,4%	1,35%
Gesicherter Ausbau des hydraulischen Werkes p%	71%	43%	32%	14%
Gesicherter Ausbau des hydraulischen Werkes $N \times p$ kW	2600	6300	9400	16400
Soll-Ausbau des hydraulischen Werkes kW	1460	5800	9400	16400
Höchstbelastung des kalorischen Werkes kW	2200	8800	19800	100600
Ausbau des kalorischen Werkes kW	3300	13200	29500	151000
Anlagekosten des kalorischen Werkes RM	1350000	4850000	10000000	42500000
Wärmeverbrauch bei Vollast kcal/kWh	6700	4750	4300	3500
Kohlenkosten/kWh bei Vollast Pf	2,01	1,42	1,29	1,05
Wirkkohlenkosten/kWh Pf	1,70	1,20	1,08	0,88
Kohlenkosten je Stunde Leerlauf der Turbine RM	3,5	10,0	20,5	84
Kohlenkosten je Stunde Leerlauf des Kessels RM	3,5	10,0	20,5	84
Jährlich verwertete hydraulische Energie kWh	9400000	20600000	25000000	26000000
Jährlich zu erzeugende kalorische Energie kWh	1600000	23400000	63000000	326000000
Anlagekosten des Speicherbeckens RM	200000	240000	260000	300000

Jahreskosten RM:				
Leerlaufverluste	62 000	176 000	360 000	1 480 000
Wirkheizstoffe	27 000	280 000	680 000	2 820 000
Schmier-, Putz- und Dichtungsstoffe	4 500	23 000	54 000	215 000
Personalausgaben	42 000	158 000	215 000	300 000
Verzinsung und Amortisation	95 000	338 000	700 000	2 980 000
Erneuerung und Erhaltung	81 000	290 000	600 000	2 550 000
Verwaltungsausgaben	15 500	63 000	131 000	502 000
Jahreskosten der kalorischen Energie RM	327 000	1 323 000	2 740 000	10 847 000
Jahreskosten der hydraulischen Energie bei einem hydro-kalorischen Faktor von 100%	700 000	1 060 000	1 360 000	2 000 000
50%	350 000	530 000	660 000	1 000 000
25%	175 000	265 000	330 000	500 000
12,5%	88 000	132 000	155 000	250 000
Jahreskosten der Verbundbetriebe bei einem hydro-kalorischen Faktor von 100%	1 047 000	2 407 000	4 126 000	12 877 000
50%	697 000	1 877 000	3 426 000	11 877 000
25%	522 000	1 612 000	3 096 000	11 377 000
12,5%	415 000	1 479 000	2 921 000	11 127 000
Kosten der erzeugten kWh der Verbundbetriebe bei einem hydro-kalorischen Faktor von 100% Pf	9,5	5,5	4,68	3,65
50%	6,34	4,25	3,90	3,38
25%	4,72	3,66	3,52	3,20
12,5%	3,90	3,38	3,30	3,14

die Jahresarbeit des kalorischen Grundkraftwerkes kann aus diesen Annahmen und Angaben bestimmt werden.

Bei der Berechnung der Leerlaufstunden des kalorischen hochthermischen Grundkraftwerkes wird angenommen, daß dasselbe einen Maschinensatz enthält, welcher während 8760 Stunden des Jahres im Betriebe ist.

Die Investitionskosten des hydraulischen Werkes werden mit Hilfe der Konstanten $A = 1600000$ RM und $a = 240$ RM mit einem 10%igen Zuschlag für eine Maschinenreserve berechnet.

Die Sollinhalte der Speicherbecken werden bei Tagesspeicherungen gemäß Abb. 48 bei Jahresspeicherungen gemäß Abb. 49 bestimmt. Bei Tagesspeicherwerken kann der Sollinhalt annäherungsweise mit der täglich abfließenden Mindestwassermenge gleichgestellt werden. Bei Jahresspeicherwerken sollte der Sollinhalt des Beckens für einen jeden Konsumfaktor besonders bestimmt werden. Es werden zu diesem Zwecke vorerst die Kurven der monatlichen Bedarfe der Elektrizitätswerke gemäß Kurve II der Abb. 4 aufgezeichnet; die Kurve der monatlichen Arbeit der Wasserkraft im trockensten Jahre wird gegenüber dieser Kurve in der Weise verschoben, daß die Fläche der Überschußenergien die der Wassermangel (Abb. 49) deckt. Eine dieser Flächen bezeichnet den Sollwert des Speicherbeckens in Kilowattstunden, aus welchem der Inhalt des Beckens in Kubikmetern bestimmt werden kann.

B. Beispiele von hydrokalorischen Verbundbetrieben enthaltend Speicherwasserkraftwerke

a) Verbundbetriebe mit Tagesspeicherung

In der Tabelle 30 ist die Berechnung der Erzeugungskosten von hydrokalorischen Verbundbetrieben enthalten; das Urftkraftwerk nimmt in diesen Verbundbetrieben mit Tagesspeicherung ausgerüstet, Teil. Der Jahresbedarf der Elektrizitätswerke, die von diesen Verbundbetrieben mit Energie versorgt werden, soll gemäß einem Konsumfaktor von 0,5, 1, 2, 4, 8 bzw. 16 wahlweise 11000000, 22000000, 44000000, 88000000, 176000000 bzw. 352000000 kWh betragen; falls die spezifische Belastung der Elektrizitätswerke 3000 kWh/kW beträgt, dann sind die Höchstbelastungen 3650, 7300, 14600, 29200, 58600 bzw. 118000 kW.

Die Kosten der erzeugten Kilowattstunden dieser Verbundbetriebe sind in Abhängigkeit von den Konsumfaktoren, bzw. von der jährlich erzeugten Energiemenge in der Abb. 51 dargestellt. In dieser Abbildung bezeichnen Kurve I, II, III bzw. IV die Kosten der erzeugten Kilowattstunden der Verbundbetriebe bei einem hydrokalorischen Faktor von 100, 50, 25, bzw. 12,5%. Kurve K repräsentiert die Erzeugungskosten der kalorischen Energie.

Die Kostenkurven verlaufen mehr oder weniger der Kurve der kalorischen Energiekosten ähnlich; die Verbundbetriebe, deren hydrokalorischer Faktor 100% beträgt, erzeugen die Energie teurer, die, deren hydrokalorischer Faktor 50, 25 bzw. 12,5% ausmacht, erzeugen die Energie billiger als die kalorischen Kraftwerke gleicher Größen.

Ein Vergleich mit den Kurven von Verbundbetrieben, enthaltend Laufkraftwerke zur Erzeugung von Grundenergien (die in der Abb. 38 dargestellt sind) vergegenwärtigt in dem Verlauf der Kostenkurven zwei lehrreiche Erscheinungen: die der Ordinatenachse nahe liegenden Teile der Kurven der Abb. 51 entfernen, während die von der Ordinatenachse entfernt liegenden Teile der Kostenkurven sich der Abszissenachse nähern; die Kurven der Abb. 51 gehen mit zunehmenden Abszissen mehr auseinander, als die der Abb. 38. Zahlenmäßig bedeuten diese Verschiebungen der Kostenkurven so viel, daß infolge einer Ausrüstung des hydraulischen Werkes mit einer Tagesspeicherung erstens die Erzeugungskosten der Verbundbetriebe bei niedrigen Konsumfaktoren zu-, bei höheren Konsumfaktoren dagegen abnehmen, und zweitens der Einfluß des hydrokalorischen Faktors bei höheren Konsumfaktoren sich erhöht. Kurz zusammengefaßt: Der Wirkungskreis des Verbundbetriebes, welcher sich bei Laufkraftwerken auf die niedrigsten Konsumfaktoren beschränkte, hat sich durch die Tagesspeicherung gegen die höheren Konsumfaktoren verschoben; das hydraulische Werk, welches als Laufkraftwerk an Elektrizitätswerke gebunden erscheint, deren Jahresbedarf sich in der Nähe des Energieinhaltes des wirtschaftlichsten Ausbaues bewegt, kann nunmehr mit Hilfe von Tagesspeicherung selbst in die größten Elektrizitätswerke nutzbringend eingeschaltet werden.

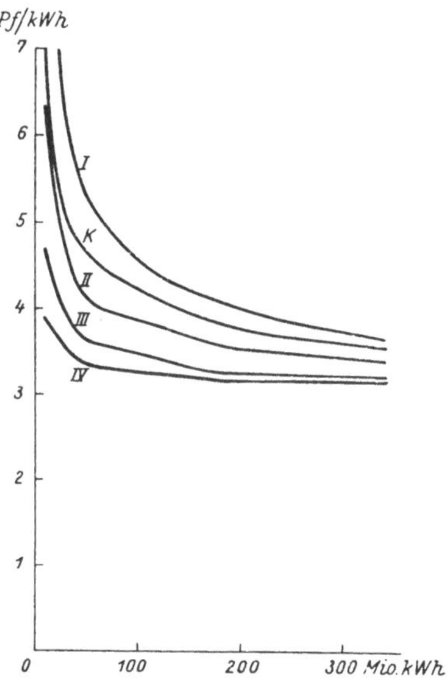

Abb. 51. Erzeugungskosten von Verbundbetrieben mit Tagesspeicherung bei hydrokalorischen Faktoren von 100, 50, 25 und 12,5 Prozent

Die Ursache des Emporsteigens des hydraulischen Werkes liegt in der neuen Auffassung der Speicherung. Das Laufkraftwerk verliert mit seiner „kilowattlosen" Energielieferung bei der Zunahme des Energiebedarfes des Elektrizitätswerkes bald seinen Einfluß auf die Preisgestaltung des Verbundbetriebes; im Wege der Vergrößerung des Energiebedarfes erhöhen sich die energiearmen Spitzenbelastungen, und das Speicherkraftwerk übernimmt mehr und mehr die Lieferung der Spitzenteile; auf diese Weise bewahrt das hydraulische Werk seinen Einfluß auf die Preisbildung des Verbundbetriebes und hiemit seine Bedeutung.

Das Steigen der Erzeugungskosten bei niedrigen Konsumfaktoren rührt teilweise von den Anlagekosten des Speicherbeckens, teilweise von der willkürlichen Annahme her, daß der Ausbau des kalorischen Werkes die Höchstbelastung des Elektrizitätswerkes nicht unterschreiten darf.

Auf den Verlauf der Kostenlinien des Verbundbetriebes mit Tagesspeicherung übt außer dem hydrokalorischen Faktor und außer den Anlagekosten des Speicherbeckens noch die Lage der Investitionslinie der Wasserkraft einen Einfluß aus. Je flacher die Investitionslinie der Wasserkraft (Kurve X der Abb. 34) verläuft, somit je niedriger die Konstante a ist, um so tiefer sinken mit zunehmendem Konsumfaktor die Kostenlinien der Verbundbetriebe gegen niedrigeren Erzeugungskosten. Demgegenüber kann die Neigung der Investitionslinie bei niedrigen Konsumfaktoren bloß einen bescheidenen Einfluß auf die Kostenbildung der Verbundbetriebe ausüben. Den gerade umgekehrten Einfluß üben die Anlagekosten des Speicherbeckens aus.

Gemäß der Tabelle 30 erhöht sich der Ausbau der Tagesspeicherwerke mit der Zunahme des Konsumfaktors kräftig. Solange das Urft-Speicherwerk in ein Elektrizitätswerk arbeitet, dessen Jahresarbeit 11000000 kWh beträgt, ist der Ausbau desselben bloß 1500 kW; erhöht sich jedoch die Jahresarbeit des Elektrizitätswerkes auf 352000000 kWh, dann steigt der Ausbau auf 16400 kW. Mit Hilfe eines so hohen Ausbaues wird die abfließende Wassermenge bis auf 95% ausgenützt, doch werden bloß 7,4% des Jahresbedarfes hydraulisch gedeckt. Den gewaltigen Einfluß des Speicherkraftwerkes auf die Kostenbildung des Verbundbetriebes beweist eben die Feststellung, daß, trotzdem bloß 7,4% des Energiebedarfes hydraulisch gedeckt werden, die Kosten des Verbundbetriebes sich bei einem hydrokalorischen Faktor von 25% um 6,8% niedriger stellen, als die der selbständigen Energieerzeugung eines kalorischen Großkraftwerkes.

b) Verbundbetriebe mit Jahresspeicherung

Das Urftkraftwerk soll mit Jahresspeicherung ausgerüstet im Rahmen von hydrokalorischen Verbundbetrieben wahlweise in Elektrizitätswerke arbeiten, deren Jahresverbrauch gemäß einem Konsumfaktor von 1, bzw. 4, 8, 16 jährlich 22000000, bzw. 88000000, 176000000, 352000000 kWh beträgt. Bei einer spezifischen Belastung von 3000 kWh/kW steigen die Höchstbelastungen der betreffenden Elektrizitätswerke auf 7300, bzw. 29300, 58600, 117000 kW. Die Kostenberechnung dieser Verbundbetriebe ist in der Tabelle 31 zusammengestellt.

Die Kosten der von den Verbundbetrieben erzeugten Kilowattstunden wurden aus der Tabelle 31 in die Abb. 52 übertragen. Als Abszissen sind die Konsumfaktoren, bzw. der jährliche Energieverbrauch der Elektrizitätswerke aufgetragen; die Ordinaten messen die Kosten der erzeugten Kilowattstunden in Pfennig. Kurve I bzw. II, III, IV der Abb. 52 bezeichnen die Kosten der erzeugten Kilowattstunden der Verbundbetriebe bei einem hydrokalorischen Faktor von 100, bzw. 50, 25, 12,5%. Kurve K stellt die Erzeugungskosten von kalorischen Werken dar, falls der Energiebedarf der betreffenden Elektrizitätswerke wahlweise kalorisch erzeugt worden wäre.

Ein Vergleich mit den Kurven der Abb. 38 und 51, wo die Kostenkurven der Verbundbetriebe enthaltend Laufkraftwerke bzw. Tagesspeicherwerke dargestellt sind, zeigt, daß die Erscheinungen, die bei den Tagesspeicherungen gegenüber den Laufkraftwerken hervorgetreten sind, hier in erhöhtem Maße vorhanden sind. Dementsprechend steigen die Erzeugungskosten der Verbundbetriebe bei niedrigen Konsumfaktoren noch weiter, während die Kosten bei hohen Konsumfaktoren mehr abnehmen. Das Wirkungsgebiet der Wasserkraft verschiebt sich hiemit gegen Elektrizitätswerke mit gegenüber der Energiedarbietung der Wasserkraft sehr großem Jahresbedarf.

Die Verschiebung des Wirkungskreises gegen die höheren Absatzgebiete erklärt sich einerseits aus den schweren Anlagekosten der Jahresspeicherbecken, anderseits aus der größeren, zur Sicherung des Ausbaues zur Verfügung stehenden aufgespeicherten Energie. Die hohen Anlagekosten der Speicherbecken belasten die kleinen Verbundbetriebe schwer; mit der Erweiterung des Elektrizitätswerkes schrumpfen die Kosten der Speicherbecken gegenüber den Gesamtausgaben der Verbundbetriebe mehr und mehr zusammen; die Bedingungen für niedrige Erzeugungskosten werden nunmehr durch einen niedrigen hydrokalorischen Faktor und besonders durch einen möglichst flachen Verlauf der Investitionslinie des hydraulischen Werkes gegeben.

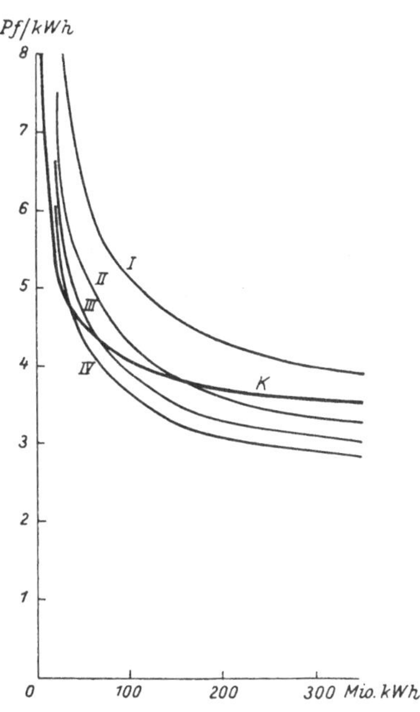

Abb. 52. Erzeugungskosten von Verbundbetrieben, enthaltend Jahresspeicherwerke bei einem hydrokalorischen Faktor von 100, 50, 25 und 12,5 Prozent

Sobald das Speicherkraftwerk einem Konsumfaktor von 16 entsprechend in ein Elektrizitätswerk einarbeitet, dessen Jahresbedarf 352000000 kWh beträgt, steigt der gesicherte Ausbau des Werkes bis auf 46800 kW; mit Hilfe dieses hohen Ausbaues kann die gesamte Abflußmenge restlos ausgenützt werden.

3. Sicherung des Ausbaues des hydraulischen Werkes durch Pumpspeicherung

Die vorangeführten Untersuchungen zeigen, daß der gesicherte Ausbau eines Tagesspeicherwerkes im Wege einer Wochen- und noch mehr einer Jahresspeicherung vergrößert werden kann. Die Vergrößerung des gesicherten Ausbaues wird aber durch die hohen Anlagekosten der Jahresspeicherbecken teuer erkauft.

Um an Anlagekosten zu sparen, sucht man den Beckeninhalt durch

Tabelle 31. Erzeugungskosten des Urft-Verbundbetriebes bei Jahresspeicherung

Preis von 10000 kcal Kohle ab Kraftwerk 3 Pf

Konsumfaktor	1	4	8	16
Jahresarbeit des Verbundbetriebes kWh	22000000	88000000	176000000	352000000
Höchstbelastung des Verbundbetriebes kW	7300	29200	58600	117000
Jahresarbeit in dem trockensten Jahre kWh	17000000	17000000	17000000	17000000
Jahresarbeit in % des Bedarfes des elektrischen Werkes	78%	19,5%	9,7%	4,85%
Gesicherter Ausbau in % der Höchstbelastung	92%	66%	52%	44%
Gesicherter Ausbau kW	6700	19400	30500	52000
Soll-Ausbau des hydraulischen Werkes kW	2900	11680	23440	46800
Höchstbelastung des kalorischen Werkes kW	4400	17520	35160	70200
Ausbau des kalorischen Werkes kW	6600	26280	52740	105300
Anlagekosten des kalorischen Werkes RM	2460000	9000000	17400000	31000000
Wärmeverbrauch bei Vollast kcal/kWh	6000	4350	3550	3500
Kohlenkosten/kWh bei Vollast Pf	1,8	1,30	1,06	1,05
Wirkkohlenkosten/kWh Pf	1,5	1,09	0,89	0,88
Kohlenkosten je Stunde Leerlauf RM	12,6	36,5	60	118
Jährlich verwertete hydraulische Energie kWh	15000000	25000000	26000000	26000000
Jährlich zu erzeugende kalorische Energie kWh	7000000	63000000	150000000	326000000
Sollausbau des Speicherbeckens in % des Mindestabflusses von 17 Millionen kWh	31%	41%	51%	63%
Soll-Ausbau des Speicherbeckens in m^3	34000000	45000000	56000000	69000000
Anlagekosten des Speicherbeckens RM	5700000	6100000	6700000	7300000

Jahreskosten RM:				
Leerverluste	110000	320000	530000	1030000
Wirkheizstoffe	105000	690000	1330000	2870000
Schmier-, Putz- und Dichtungsstoffe	10000	50000	93000	195000
Personalausgaben	102000	215000	266000	300000
Verzinsung und Amortisation	172000	630000	1210000	2150000
Erneuerung und Erhaltung	148000	540000	1040000	1860000
Verwaltungsausgaben	33000	122000	221000	425000
Jahreskosten der kalorischen Energie RM	680000	2567000	4690000	8830000
Jahreskosten des Speicherbeckens RM	570000	610000	670000	730000
Jahreskosten der hydraulischen Energie bei einem hydrokalorischen Faktor von 100%	820000	1560000	2520000	4500000
50%	410000	780000	1260000	2250000
25%	205000	390000	630000	1125000
12,5%	102000	195000	315000	562000
Jahreskosten des Verbundbetriebes bei einem hydrokalorischen Faktor von 100%	2070000	4737000	7880000	14060000
50%	1660000	3957000	6620000	11810000
25%	1455000	3567000	5990000	10685000
12,5%	1352000	3372000	5675000	10100000
Kosten der erzeugten kWh des Verbundbetriebes Pf bei einem hydrokalorischen Faktor von 100%	9,3	5,35	4,46	3,96
50%	7,5	4,46	3,74	3,33
25%	6,65	4,05	3,4	3,05
12,5%	6,1	3,8	3,2	2,85

größere Absenkung des Wasserspiegels zu vermehren; es werden z. B. Absenkungen zugelassen: Bei der Urfttalsperre von 105 auf 70 m, beim Wäggitalwerk-Rempen (Schweiz) von 260 m auf 203 m und bei der Martintalsperre (Alabama U. S. A.) von 45 m auf 30 m. Solange Jahresspeicherwerke zum Ausgleiche der Energiedarbietung und des Energiebedarfes dienten, war die Absenkung des Wasserspiegels bloß deshalb nachteilig, weil zur Erzeugung einer Kilowattstunde bei abgesenktem Wasserspiegel eine größere Wassermenge notwendig war als beim höchsten Stauziel; zufolgedessen gingen wesentliche Energiemengen verloren. Vom Standpunkte der Sicherung der Ausbauleistungsfähigkeit tritt aber noch ein wesentlicher Nachteil dazu, indem als gesichert bloß die Leistungsfähigkeit angesehen werden kann, welche beim niedrigsten Wasserstande des Staubeckens vorhanden ist. Das Kraftwerk der Urfttalsperre leistet bei einer Druckhöhe von 105 m rund 12000 kW; bei 70 m Gefälle vermindert sich die Ausbauleistungsfähigkeit auf 8000 kW. Trotzdem also das Werk auf 12000 kW ausgebaut wurde, kann als gesichert bloß eine Leistungsfähigkeit von 8000 kW angesehen werden.

Die niedrigen Anlagekosten eines Tagesspeicherwerkes können mit der höheren Ausbaumöglichkeit der Jahresspeicherwerke glücklich vereinigt und gleichzeitig kann der Nachteil einer Spiegelabsenkung wettgemacht werden, wenn das Speicherwerk mit Pumpen ausgerüstet wird und im Werke selbst dann ein kurzfristiger Speicherbetrieb geführt wird, soferne dieses ein Jahresspeicherbecken besitzt. Hiedurch kann der gesicherte Ausbau eines Tagesspeicherwerkes nicht nur auf die Höhe des bei Jahresspeicherung erzielbaren Ausbaues gehoben, sondern auch weit über dieses Maß gesteigert werden. Das Absatzgebiet muß selbstverständlich dem hohen Ausbau des Speicherwerkes entsprechend vergrößert werden.

Der Betrieb des mit Pumpen ausgerüsteten Speicherwasserkraftwerkes sollte in der Weise geführt werden, daß, unter Festhalten an einem hohen Stauziel, die zufließenden Wassermengen bis zu dem Sollwert des Stauzieles kurzfristig aufgespeichert werden; solange beträchtliche Wassermengen abfließen übernimmt das Spitzenkraftwerk die Deckung eines Teiles der Grundenergien und es entlastet hiemit das kalorische Grundkraftwerk; reichen aber die zufließenden Wassermengen bei einer Erhaltung des Sollwertes der Stauhöhe zur Deckung der täglichen Spitzen nicht mehr aus, dann werden die mit Elektromotoren gekuppelten Pumpen angelassen und mit der vom Grundkraftwerke gelieferten elektrischen Energie solange angetrieben bis der Sollwert des Wasserspiegels hergestellt ist. Die Motorpumpen werden mit den überschüssigen Nacht-, eventuell auch Tagesenergien des Grundkraftwerkes gespeist; sie laufen 10 bis 20 Stunden, um das Becken bei niedrigen Zuflüssen tagtäglich aufzufüllen. Die Pumpen bewirken daher eine Transformierung von langdauernder kalorischer Grundenergie in kurzzeitige hydraulische Spitzenenergie.

Pumpspeicherwerke arbeiten mit einem niedrigen Wirkungsgrad; es werden von der aufgewendeten kalorischen Energie bloß etwa 50%

rückgewonnen. Der niedrige Wirkungsgrad ist aber belanglos; die Pumpen müssen nämlich nur ausnahmsweise in Betrieb gesetzt werden, da die unsicheren Abflußmengen der durchschnittlichen und nassen Jahre zur Deckung der Spitzen herangezogen werden können. Der weitaus größte Teil der Spitzenenergien wird somit vom natürlichen Abflusse gedeckt; hiebei wird durch das Festhalten an einem hohen Stauziel aus demselben Abflusse eine wesentlich größere Energiemenge erzeugt als beim Betriebe mit abgesenktem Stauspiegel.

In der Tabelle 32 ist die Berechnung der Erzeugungskosten von Verbundbetrieben — enthaltend ein kalorisches Grundkraftwerk und das mit Pumpen ausgerüstete Tagesspeicherwerk des Urftflusses — vorgeführt. Um die Rechnungsergebnisse mit denen der Tages- und Jahresspeicherung vergleichen zu können, wurde das Tagesspeicherwerk bei verschiedenen Konsumfaktoren auf der durch die Jahresspeicherung gesicherten Höhe angenommen. Es wurde weiter angenommen, daß das Urftwerk mit Tagesspeicherung ausgerüstet, im Elektrizitätswerke einarbeitet, deren Jahresbedarf einem Konsumfaktor von 1, bzw. 2, 4, 8, 16 entsprechend 22000000 bzw. 44000000, 88000000, 176000000, 352000000 kWh beträgt. Die mit Tagesspeicherung gesicherten Ausbauten sind gemäß Tabelle 32 3800 bzw. 5400, 7900, 11700, 18600 kW; das Kraftwerk wird jedoch auf die mit Jahresspeicherung gemäß Tabelle 31 gezeichneten Höhen von 6700 bzw. 11400, 19400, 31000, 52000 kW ausgebaut angenommen.

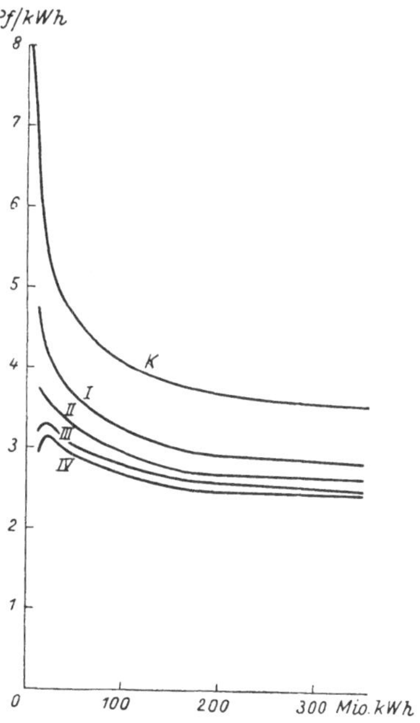

Abb. 53. Erzeugungskosten von Verbundbetrieben mit Tages- und Pumpspeicherung bei hydrokalorischen Faktoren von 100, 50, 25 und 12,5 Prozent

Die Ergebnisse der Tabelle 32 wurden in die Abb. 53 übertragen. Als Ordinaten sind die Kosten der erzeugten kWh des Verbundbetriebes aufgetragen, während die Abszissen die Konsumfaktoren, bzw. den Energieinhalt der Elektrizitätswerke messen. Kurven I, II, III bzw. IV zeigen die Kosten der Verbundbetriebe, enthaltend Tagespumpspeicherung bei einem hydrokalorischen Faktor von 100, bzw. 50, 25, 12,5%; Kurve K zeigt die Kosten der kalorischen Energieerzeugung an.

Es ist bei den Kostenkurven der Abb. 53 auffallend, daß die Verbundbetriebe selbst bei einem hydrokalorischen Faktor von 100% die Kilowattstunden wesentlich billiger erzeugen können, als kalorische Werke gleicher Größen; diese Erscheinung erstreckt sich auf das ganze Gebiet zwischen einem Konsumfaktor von 0,5 ÷ 16. Der Grund hiefür liegt darin, daß das Werk von den hohen Investitionskosten eines Jahres-

Tabelle 32. Erzeugungskosten des Urft-Verbundbetriebes mit Tages-Pumpenspeicherung
Preis von 10000 kcal. Kohle ab Werk 3 Pf.

Konsumfaktor	0,5	2	8	16
Jahresarbeit des Verbundbetriebes kWh	11000000	44000000	176000000	352000000
Höchstbelastung des Verbundbetriebes kW	3650	14600	58600	117000
Ausbau des hydraulischen Werkes kW	1800	7200	29000	58000
Höchstbelastung des kalorischen Werkes kW	1850	7400	29600	59000
Ausbau des kalorischen Werkes kW	2800	11000	45000	90000
Anlagekosten des kalorischen Werkes RM	1140000	4300000	15000000	27500000
Wärmeverbrauch bei Vollast kcal/kWh	7100	4900	3550	3500
Kohlenkosten bei Vollast Pf/kWh	2,13	1,47	1,06	1,05
Wirk-Kohlenkosten Pf/kWh	1,80	1,24	0,89	0,88
Kohlenkosten je Stunde Leerlauf RM	6,25	17,4	50,5	100
Jährlich verwertete hydraulische Energie kWh	10000000	22000000	26000000	26000000
Jahresbedarf zur Spitzenerzeugung kWh	1100000	4500000	18000000	36000000
Jährlicher Zuschuß zur Spitzenerzeugung kalorisch. Energie kWh	0	0	0	20000000
Jährlich zu erzeugende kalorische Energie kWh	1000000	22000000	150000000	346000000
Anlagekosten des Speicherbeckens RM	200000	240000	280000	300000
Jahreskosten RM:				
Leerverluste	55000	152000	440000	880000
Wirkheizstoffe	18000	274000	1340000	3050000
Schmier-, Putz- und Dichtungsstoffe	3700	41500	89000	195000
Personalausgaben	40000	150000	265000	300000
Verzinsung und Amortisation	80000	300000	1050000	1900000
Erneuerung und Erhaltung	68000	255000	900000	1650000
Verwaltungsausgaben	13300	58500	204000	395000
Jahreskosten der kalorischen Energie RM	278000	1231000	4288000	8370000
Jahreskosten des Speicherbeckens	20000	24000	28000	30000

Jahreskosten der hydraulischen Energie bei einem hydro-kalorischen Faktor				
von 100%	234000	385000	980000	1800000
50%	117000	192000	490000	900000
25%	58000	96000	245000	450000
12,5%	29000	48000	122000	225000
Jahreskosten des hydro-kalorischen Verbundbetriebes bei einem hydro-kal. Faktor				
von 100%	522000	1640000	5296000	10200000
50%	415000	1447000	4806000	9300000
25%	356000	1351000	4561000	8850000
12,5%	327000	1303000	4438000	8625000
Kosten der erzeugten kWh des Verbundbetriebes Pf. bei einem hydro-kal. Faktor				
von 100%	4,72	3,72	3,00	2,84
50%	3,76	3.28	2,70	2,65
25%	3,20	3,05	2,60	2,48
12,5%	2,96	2,95	2,50	2,45

speicherbeckens befreit ist und daß es sowohl bei niedrigen, wie auch bei hohen Konsumfaktoren beliebig hoch ausgebaut werden kann.

Speicherpumpen können nicht nur bei Tages-, sondern auch in Verbindung mit Jahresspeicherwerken aufgestellt werden. Solche Anordnung ist in erster Reihe dort am Platze, wo ein Jahresspeicherbecken für Zwecke des Hochwasserschutzes, der Trinkwasserversorgung, Berieselung, Kanalisation usw. errichtet werden soll.

Mit Speicherpumpen wurden hauptsächlich solche hydraulische Werke ausgerüstet, die ein Jahresbecken besitzen (Wäggitalwerk, Tremorgio, Schwarzenbachsperre, Edertalsperre), mit dem Zwecke, im Speicherbecken die Überschußenergien anderer Laufkraftwerke langfristig aufzuspeichern und während der Höchstbelastungen der Wintermonate zu verarbeiten. Diese Bau- und Betriebsweise von Jahresspeicherwerken deckt nicht die Bedingungen des Höchstertrages und solche Anlagen können zufolge den hohen Anlagekosten der Speicherbecken nur in besonderen Fällen — wie bei den erwähnten Werken — entsprechend Vorteile bieten.

IV. Bau- und Betriebsweise von hydrokalorischen Verbundbetrieben in der modernen Energiewirtschaft

1. Bedingungen der Konkurrenzfähigkeit

Die Kurven der Abb. 38, 51, 52 und 53 weisen darauf hin, daß die Erzeugungskosten eines hydrokalorischen Verbundbetriebes von dem Verhältnis des Energiebedarfes des Elektrizitätswerkes zur Energiedarbietung des hydraulischen Werkes wesentlich abhängen. Eine Wasserkraft als Laufkraftwerk ausgeführt, erzeugt die Kilowattstunde im Rahmen eines Verbundbetriebes, dessen Jahreserzeugung den Energieinhalt des wirtschaftlichsten Ausbaues der betreffenden Wasserkraft nicht übersteigt, um rund 25% billiger als ein kalorisches Werk gleicher Größe; steigt jedoch der Jahresbedarf des betreffenden Elektrizitätswerkes auf das Sechzehnfache, dann zeigt sich bereits zwischen den Erzeugungskosten des Verbundbetriebes und eines kalorischen Werkes gleicher Größe kein merklicher Unterschied mehr. Gerade umgekehrt gestalten sich die Kostenverhältnisse bei Speicherwasserkräften; ein Jahresspeicherwerk, das ein Elektrizitätswerk speist, dessen Jahresbedarf etwa sechzehnmal so groß ist wie der Energieinhalt des wirtschaftlichsten Ausbaues der betreffenden Wasserkraft, erzeugt die Kilowattstunde im Rahmen eines hydrokalorischen Verbundbetriebes um rund 15% billiger als ein kalorisches Kraftwerk gleicher Größe; der Verbundbetrieb ist jedoch der kalorischen Energieerzeugung gegenüber nicht mehr konkurrenzfähig, sobald der Jahresbedarf des Elektrizitätswerkes auf den Energieinhalt des wirtschaftlichsten Ausbaues sinkt.

Diese Ergebnisse der Zahlenbeispiele begründen die Feststellung, daß das Verhältnis des Energiebedarfes des Elektrizitätswerkes zum Energieinhalt des wirtschaftlichsten Ausbaues der betreffenden Wasserkraft eine Veränderliche im Problem der hydraulischen Energieerzeugung ist, die auf die Kostenbildung des Verbundbetriebes einen entscheidenden Einfluß auszuüben vermag. Die Schwierigkeiten, die einer systematischen Lösung der hydraulischen Probleme und der Aufstellung von allgemein gültigen Richtlinien und Regeln im Wege stehen, entstammen diesem Veränderlichen, da nunmehr die Wasserkräfte nicht bloß durch ihre individuellen Eigenschaften voneinander abweichen, sondern auch eine und dieselbe Wasserkraft je nach der Größe des Elektrizitätswerkes, in welches die betreffende Wasserkraft einzuarbeiten hat (je nach dem Maße der „hydraulischen Färbung"), verschiedene Ergebnisse hervorzurufen vermag. Die aus den vorgeführten Untersuchungen gewonnenen Ergebnisse bieten jedoch die Möglichkeit, die unsichere Verhältniszahl aus dem Problem auszuscheiden und hiemit die Frage einer allgemein gültigen, systematischen Lösung näherzubringen.

Die in den folgenden Untersuchungen aufzustellenden Regeln können naturgemäß bloß als Richtlinien für den Bau und Betrieb von hydrokalorischen Verbundbetrieben gelten; um diese Richtlinien der üblichen Ausdrucksweise näherzubringen, werden wir im folgenden als Konsumfaktor annäherungsweise das Verhältnis des Energiebedarfes des Elektrizitätswerkes zur erzeugbaren Energie des hydraulischen Werkes setzen; ebenso könnte man bei der Berechnung des hydrokalorischen Faktors statt des Energieinhaltes des wirtschaftlichsten Ausbaues die jährlich erzeugbare Energiemenge des Laufkraftwerkes setzen.

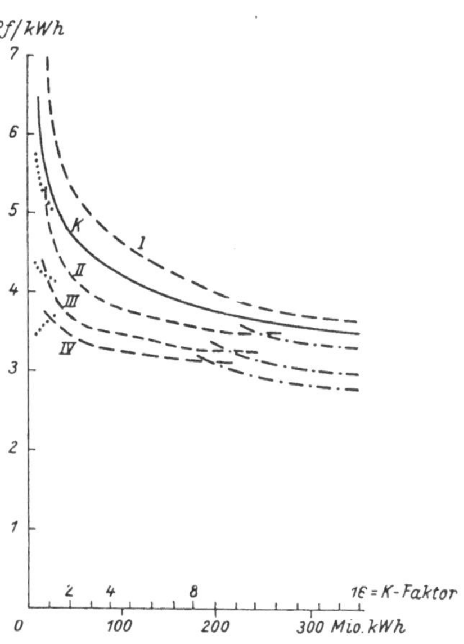

Abb. 54. Höchstertragskurven von hydrokalorischen Verbundbetrieben bei hydrokalorischen Faktoren von 100, 50, 15 und 12,5 Prozent

Die Erzeugungskosten der Kilowattstunde in hydrokalorischen Verbundbetrieben wurden aus den Abb. 38, 51 und 52 in die Abb. 54 in der Weise übertragen, daß bei jedem Konsumfaktor bloß jener Teil der einzelnen Kostenkurven eingezeichnet wurde, der beim betreffenden hydro-kalorischen Faktor die niedrigsten Erzeugungskosten der Verbundbetriebe ergibt. Hieraus sind die Umhüllungskurven der niedrigsten Erzeugungskosten, somit die Kurven der Höchsterträge der Verbundbetriebe entstanden. Kurvenzüge I bzw. II, III und IV zeigen somit die niedrigsten Erzeugungskosten von hydrokalorischen Verbundbetrieben bei einem hydrokalorischen Faktor von 100 bzw. 50, 25, 12,5% in Abhängigkeit vom Konsumfaktor bzw. vom jeweiligen Energiebedarfe der Elektrizitätswerke. Die einzelnen Teile der Kurvenzüge wurden punktiert, gestrichelt bzw. strichpunktiert ausgezogen, je nachdem der betreffende Kurventeil von Laufkraftwerken, von Tages- bzw. Jahresspeicherwerken herrührt. Kurve *K* stellt die Erzeugungskosten der kalorischen Energie an.

Aus den Kurven der Höchsterträge ist ersichtlich, daß die hydrokalorischen Verbundbetriebe sich im Absatzgebiete nunmehr regelmäßig anlegen: Laufkraftwerke ziehen sich in Absatzgebiete, deren Jahresbedarf die jährlich erzeugbare Energiemenge des hydraulischen Werkes nicht übersteigt; Tagesspeicherwasserkräfte erheischen solche Absatzgebiete, deren Jahresbedarf höchstens die zehnfache der jährlich erzeugbaren Energiemenge des hydraulischen Werkes beträgt; für Jahresspeicherwasserkräfte ist ein Absatzgebiet zu schaffen, dessen Jahresbedarf die jährlich erzeugbare Energiemenge des hydraulischen Werkes wenigstens zehnfach übersteigt.

Falls zur Versorgung eines Absatzgebietes im Rahmen eines hydrokalorischen Verbundbetriebes mehrere Wasserkräfte herangezogen werden, beziehen sich obige Verhältniszahlen auf die in sämtlichen hydraulischen Werken erzeugbaren Energiemengen.

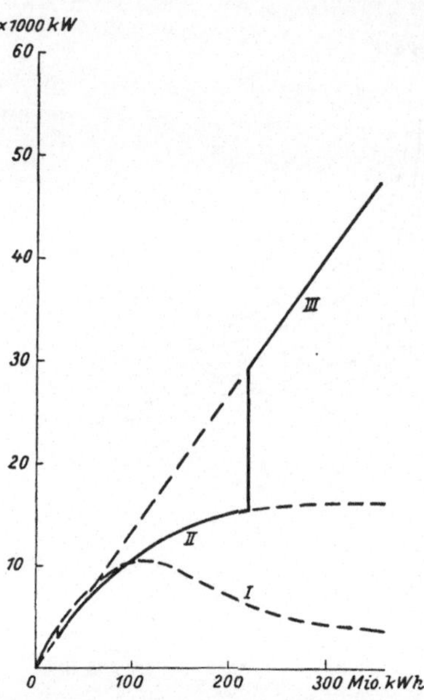

Abb. 55. Ausbaugrößen von hydraulischen Lauf-, Tages- und Jahresspeicherwerken

Obige Feststellungen gelten auch umgekehrt. Ist der Jahresbedarf eines Elektrizitätswerkes so groß wie etwa die jährlich erzeugbare Energie eines hydraulischen Werkes, dann sollte das hydraulische Werk zum Laufkraftwerk ausgebildet werden; übersteigt der Jahresbedarf eines Elektrizitätswerkes die erzeugbare Energiemenge einer Wasserkraft, dann sollten entweder mehr Laufkraftwerke ausgebaut, oder aber das hydraulische Werk sollte mit Speicherung ausgerüstet werden; bei einem Jahresbedarf, der die erzeugbare Energie des hydraulischen Werkes wenigstens zehnfach übersteigt, sollte das hydraulische Werk mit Jahresspeicherung ausgerüstet werden.

Die systematische Gruppierung der hydrokalorischen Verbundbetriebe im Absatzgebiete, gemäß dem qualitativen Ausbau der hydraulischen Werke, kann die Gebietsbedingung der hydrokalorischen Verbundbetriebe genannt werden. Die Gebietseinteilung kommt auch in den spezifischen Belastungen der hydraulischen Werke zum Ausdruck. Zu diesem Zwecke wurden in der Abb. 55 die Ausbauten des hydraulischen Werkes in Abhängigkeit von dem Konsumfaktor bzw. vom Energiebedarfe der Elektrizitätswerke dargestellt; die Kurventeile, die den Höchsterträgen entsprechen, wurden voll ausgezogen. In dieser Abbildung bezeichnet Kurve I den Ausbau von Laufkraftwerken, Kurve II den von Tagesspeicherwerken und Kurve III den von Jahresspeicherwerken. Auf Grund der Zahlentafel können die spezifischen Belastungen der hydraulischen Werke bei diesen Ausbauten berechnet werden; dementsprechend gibt jedes Kilowatt hydraulischer Ausbau bei Laufkraftwerken jährlich 5000 ÷ 3000, bei Tagesspeicherwerken 3000 ÷ 2000 und bei Jahresspeicherwerken 1000 ÷ 500 kWh.

Werden die Gebietsbedingungen erfüllt, dann scheidet die größte Veränderliche, die „hydraulische Färbung“, aus dem Problem und die

Frage vereinfacht sich zu einer Untersuchung der gegenseitigen Lage der Kosten der hydraulischen Rohenergie und der kalorischen Energie.

Aus Abb. 54 ist zu ersehen, daß die Kostenlinien der Höchsterträge der Kostenkurve der kalorischen Energie ähnlich verlaufen; Verbundbetriebe mit einem hydrokalorischen Faktor von 100% sind gegenüber der kalorischen Energieerzeugung gleicher Größe weder in großen noch in kleinen Absatzgebieten konkurrenzfähig; ermäßigt sich aber der hydro-kalorische Faktor auf 50% oder darunter, dann ist der Verbundbetrieb in jedem Absatzgebiete, bei jedem qualitativen Ausbau (Laufkraftwerk, Tages-, Jahresspeicherwerk) gegenüber der kalorischen Energieerzeugung gleicher Größe konkurrenzfähig. Die Grenze der Konkurrenzfähigkeit liegt bei hydrokalorischen Faktoren zwischen 100% und 50%. Gemäß der Abb. 54 nähert sich die Grenze der Konkurrenzfähigkeit mehr einem hydrokalorischen Faktor von 50%; bei Jahresspeicherwerken dagegen verschiebt sich die Grenze gegen höhere hydrokalorische Faktoren. Hiebei sollte berücksichtigt werden, daß die Lage der Kostenkurve von Laufkraftwerken durch den hydrokalorischen Faktor eindeutig bestimmt ist, während bei den Jahresspeicherwerken die Kostenkurve sich mit der Lage der Investitionslinie verschiebt.

Es kann daher mit einer den praktischen Anforderungen entsprechenden Annäherung angenommen werden, daß die Grenze der Konkurrenzfähigkeit von hydrokalorischen Verbundbetrieben gegenüber kalorischen Kraftwerken gleicher Größe bei einem hydrokalorischen Faktor von etwa 60% liegt. Dementsprechend ist ein hydrokalorischer Verbundbetrieb, der gemäß den Gebietsbedingungen erbaut und im Betriebe gehalten wird, gegenüber einem kalorischen Kraftwerke gleicher Größe bei jedem qualitativen Ausbau (Lauf-, Tages-, Jahresspeicherwerk) konkurrenzfähig, wenn die Kosten der erzeugbaren Kilowattstunde höchstens 60% derjenigen Kosten betragen, die entstehen, falls die jährlich erzeugbare Energie des hydraulischen Werkes kalorisch erzeugt werden würde.

Hydraulische Werke erfordern im allgemeinen derart hohe Investitionen, ihr Ausbau ist gegenüber kalorischen Kraftwerken technisch, administrativ und finanziell derart verwickelt und mit Risken verbunden, daß eine bloße Konkurrenzfähigkeit nur in Ausnahmsfällen zum Bauentschlusse genügt; im allgemeinen sind es wohl nur die Aussichten auf einen ansehnlichen Mehrertrag, welche diesen Entschluß zeitigen. Dementsprechend sollten Wasserkräfte einen hydrokalorischen Faktor von 25 ÷ 30% besitzen. Diese Erforderung kann der Kostenbedingung genannt werden.

Die Betriebs- und Kostenverhältnisse von hydro-kalorischen Verbundbetrieben, die mit einem hydrokalorischen Faktor von 25 ÷ 30% der Kostenbedingung Genüge leisten, sind in der Tabelle 33 kurz zusammengefaßt.

Nach der Tabelle 33 erzeugen hydrokalorische Verbundbetriebe, die sowohl den Gebietsbedingungen, wie auch den Kostenbedingungen entsprechend konstruiert sind, die Kilowattstunde mit Laufkraftwerken um

$20 \div 30\%$, mit Tagesspeicherwerken um $15 \div 20\%$ und mit Jahresspeicherwerken ausgerüstet um $10 \div 15\%$ billiger als kalorische Kraftwerke gleicher Größe. Hiebei können Laufkraftwerke zufolge ihrer hohen spezifischen Belastung von $4500 \div 3000$ kWh/kW als ausgesprochene Grundkraftwerke, die Jahresspeicherwerke zufolge ihrer niedrigen spezifischen Belastung von $1000 \div 500$ kWh/kW als ausgesprochene Spitzenkraftwerke bezeichnet werden; die Tagesspeicherwerke mit ihren spezifischen Belastungen von $3000 \div 1500$ kWh/kW liegen zwischen den zwei Kraftwerktypen.

Tabelle 33. Betriebs- und Kostenverhältnisse von hydrokalorischen Verbundbetrieben bei einem hydro-kalorischen Faktor von $25 \div 30\%$

Qualitativer Ausbau der Wasserkraft	Laufkraftwerke	Tagesspeicherung	Jahresspeicherung
$\frac{\text{Energiebedarf des Elektrizitätswerkes kWh}}{\text{Erzeugbare hydraulische Energie kWh}} =$	$0{,}5 \div 1$	$2 \div 10$	$8 \div 16$
$\frac{\text{Verwertete hydraulische Energie}}{\text{Energiebedarf des Elektrizitätswerkes}} =$	$80\% \div 70\%$	$50\% \div 15\%$	$15\% \div 7{,}5\%$
Spezifische Belastung des hydraulischen Werkes kWh/kW	$4\,500 \div 3\,000$	$3\,000 \div 1\,500$	$1\,000 \div 500$
Kostenverhältnis der kWh: $\frac{\text{Verbundbetrieb}}{\text{Kalorisches Werk}} =$	$70\% \div 80\%$	$80\% \div 85\%$	$90\% \div 85\%$
Gesamtersparnisse des Verbundbetriebes gegenüber der kalorischen Erzeugung RM jährlich	$215\,000 \div 230\,000$	$460\,000 \div 780\,000$	$880\,000 \div 1\,760\,000$

Die Kosten der Kilowattstunde bei Verbundbetrieben mit Laufkraftwerken gestalten sich mit $70 \div 80\%$ der Kosten der kalorischen Energieerzeugung besonders niedrig. Diese bedeutende Ermäßigung der Kosten der Verbundbetriebe ist dem Umstande zuzuschreiben, daß $70 \div 80\%$ des gesamten Energiebedarfes des Elektrizitätswerkes hydraulisch gedeckt werden; bei Jahresspeicherwerken deckt das hydraulische Werk bloß $7{,}5 \div 15\%$ des Energiebedarfes. Wenn man sich bei Laufkraftwerken mit einer $10 \div 15\%$igen Ermäßigung der Erzeugungskosten — mit denen der Jahresspeicherwerke — begnügt, dann ergibt sich als oberste Grenze für das Absatzgebiet, in welches ein Laufkraftwerk noch einarbeiten dürfte, das Zweifache der erzeugbaren Energiemenge des hydraulischen Werkes.

Die Absatz- und Kostenbedingungen, an welche nunmehr die Konkurrenzfähigkeit und die Ertragsaussichten einer Wasserkraft im Rahmen eines hydrokalorischen Verbundbetriebes geknüpft sind, erhalten sämtliche Veränderlichen, die bei der Errechnung der Erzeugungskosten der Verbundbetriebe in Frage kommen: der hydro-kalorische Faktor enthält die Wasserabfluß- und Investitionsverhältnisse des hydraulischen Werkes, sowie die Kostenlage der kalorischen Energie; der Konsumfaktor zeigt die Absatzverhältnisse des Elektrizitätswerkes, in welches das hydraulische Werk einzuarbeiten hat.

Um die Konkurrenzfähigkeit und den Ertrag von Verbundbetrieben, enthaltend wahlweise Lauf-, Tages- oder Jahresspeicherwerke, gegenüber kalorischen Werken gleicher Größen zu sichern, mußte das Absatzgebiet dem qualitativen Ausbau der Wasserkraft entsprechend eingeteilt werden. Vergleicht man nun die Kostenkurven der Speicher-Pumpkraftwerke der Abb. 53 mit den Höchstertragskurven der Abb. 54, dann zeigt sich, daß sie mehr oder weniger parallel, somit innerhalb des ganzen Gebietes der Energielieferung beinahe flach verlaufen. Bei großen Konsumfaktoren übernimmt das Speicher-Pumpkraftwerk die Eigenschaften der Jahresspeicherung, bei niedrigem Verbrauche die der Tagesspeicher- und sogar die der Laufkraftwerke. Mit Hilfe einer Tages-Pumpspeicherung wird somit das ganze Gebiet der Energieerzeugung beherrscht; eine verhältnismäßig kleine Wasserkraft mit Tages-Pumpspeicherung kann somit sowohl in kleine wie auch in große Elektrizitätswerke vorteilhaft und nutzbringend eingeschaltet werden; in kleinen Werken liefert sie Grundenergien mit gesicherter Leistungsfähigkeit, in großen Elektrizitätswerken übernimmt sie die Deckung der Spitzen.

Die abgeleiteten Ergebnisse beziehen sich auf hydrokalorische Verbundbetriebe, in deren Rahmen die Grundenergien in Laufkraftwerken und die Spitzen in kalorischen Kraftwerken, oder aber die Grundenergien an kalorischen Kraftwerken und die Spitzen in Speicherwasserkraftwerken erzeugt werden. Es kommt aber, besonders in wasserkraftreichen Ländern oder Landesteilen oft vor, daß im Rahmen eines hydrokalorischen Verbundbetriebes Lauf- und Speicherwasserkraftwerke zusammenarbeiten müssen. Hiebei können die mannigfaltigsten Beispiele aus Deutschland, Österreich, der Schweiz, den Vereinigten Staaten von Amerika usw. erwähnt werden.

Zur Erreichung des Höchstertrages ist die Konstruktion und der Betrieb von solchen Verbundbetrieben an drei Bedingungen geknüpft: im Interesse der Laufkraftwerke sollte der Energiebedarf des Elektrizitätswerkes die erzeugbare Energiemenge des Laufkraftwerkes oder der Laufkraftwerke nicht übersteigen; im Interesse der Speicherwerke sollten diese als Jahresspeicherwerk, ausgeführt mit einer spezifischen Belastung von 500, höchstens 1000 kWh/kW, arbeiten; schließlich ist zur Sicherung des Betriebes gegen alle Zufälligkeiten der Wasserabflüsse

Tabelle 34. Belastungsverhältnisse von hydrokalorischen Verbundbetrieben, enthaltend ein Laufkraftwerk zur Lieferung der Grundenergie

Konsumfaktor	0,5	1	2	4	8	16
Jahresbedarf des Elektrizitätswerkes kWh	11 000 000	22 000 000	44 000 000	88 000 000	176 000 000	352 000 000
Jahreserzeugung des Laufkraftwerkes kWh	8 800 000	14 400 000	19 500 000	24 000 000	22 000 000	20 000 000
Jahreserzeugung des Spitzenkraftwerkes kWh	2 200 000	7 600 000	25 500 000	64 000 000	154 000 000	332 000 000
Höchstbelastung des Spitzenkraftwerkes kW	2 900	6 400	13 600	29 000	58 000	119 000
Spezifische Belastung des Spitzenkraftwerkes kWh/kW	660	1 200	1 800	2 200	2 650	2 800

und Betriebsverhältnisse für eine genügend hohe kalorische Reserve zu sorgen. Glücklicherweise können alle diese Bedingungen gleichzeitig und restlos erfüllt werden.

In der Tabelle 34 sind auf Grund der Tabellen 25, 26 und 27 die Belastungsverhältnisse von hydrokalorischen Verbundbetrieben angegeben, die zur Lieferung der Grundenergien aus einem Laufkraftwerke und zur Deckung der Spitzen sowie zur Aushilfe bei Wassermangel aus einem kalorischen Spitzenkraftwerke zusammengesetzt sind.

Hydrokalorische Verbundbetriebe, deren Grundenergien von Laufkraftwerken erzeugt werden, weisen die Höchsterträge bei niedrigen Konsumfaktoren von 0,5 ÷ 1 auf, wo sie spezifisch höchstbelastet laufen können; demgegenüber arbeiten hydrokalorische Verbundbetriebe, deren Spitzenenergien von Speicherwasserkraftwerken geliefert werden, gerade bei hohen Konsumfaktoren von 8 ÷ 16 mit dem Höchstertrage, da bei diesen Konsumfaktoren niedrige spezifische Belastungen von 1200 ÷ 600 kWh/kW gefunden werden. Tabelle 34 zeigt nun das Ergebnis, daß vollhydraulische Verbundbetriebe, deren Grundenergien von Lauf- und die Spitzenenergien von Speicherwasserkraftwerken erzeugt werden, die niedrigsten spezifischen Belastungen von 660 ÷ 1200 kWh/kW gerade bei niedrigen Konsumfaktoren von 0,5 ÷ 1 aufweisen, so daß bei niedrigen Konsumfaktoren sowohl das Lauf- wie auch das Speicherwasserkraftwerk unter den günstigsten Verhältnissen arbeiten kann.

Bei den Konsumfaktoren von 0,5 ÷ 1 werden von den Grundkraftwerken nach Tabelle 34 etwa vier- bis zweimal soviel Kilowattstunden geliefert wie von den Spitzenkraftwerken. Ein vollhydraulischer Verbundbetrieb, dessen Grundteile von Laufkraftwerken und Spitzenteile von Jahresspeicherwerken erzeugt werden sollen, sollte daher derart aufgebaut werden, daß die von den einbezogenen Laufkraftwerken gelieferten Energiemengen das Vier-, wenigstens aber das Zweifache der von den Jahresspeicherwerken gelieferten Energiemengen betragen; der Ausbau der einbezogenen Jahresspeicherwasserkraftwerke sollte hiebei so hoch gesteigert werden, daß jedes ausgebaute Kilowatt jährlich bloß 600 ÷ 1200 kWh leistet. Ein je größerer Perzentsatz des Energiebedarfes von dem Jahresspeicherwerke geliefert wird, um so mehr nähert sich die Konstruktion des vollhydraulischen Verbundbetriebes dem Speicherbetrieb älterer Auffassung und um so weiter entfernt sich der Ertrag von seinem Höchstwerte.

Eine Sicherung des Betriebes gegen Wassermangel ist bei vollhydraulischen Verbundbetrieben schwieriger als zum Beispiel bei hydrokalorischen Verbundbetrieben mit Jahresspeicherung. Bei letzterer wird ein Wassermangel bloß von dem Jahresspeicherwerke verspürt, während bei vollhydraulischen Betrieben auch das Grundkraftwerk bedeutend weniger Energie liefern kann als sonst. Bei hydrokalorischen Verbundbetrieben müssen daher während der Tage mit Wassermangel bloß die energiearmen Spitzen, demgegenüber sollte bei vollhydraulischen Betrieben beinahe der volle Tagesbedarf aus dem Sammelbecken geleistet werden; das Jahresspeicherwerk leidet aber ebenso an Wassermangel wie das Laufkraftwerk. Wegen dieser hohen Soll-Leistungen des Speicherwerkes während der Trockenzeiten sind Tagesspeicherwerke nur in Sonderfällen zur Sicherung der Ausbauleistungen von vollhydraulischen Verbundbetrieben geeignet.

Um die Abflußmengen in den Durchschnittsjahren verwerten und den Betrieb gegen Wasserschwankungen sichern zu können, sollten vollhydraulische Verbundbetriebe mit einer ausgiebigen kalorischen Reserve ausgerüstet werden, die, dank einer 10%igen Überlastbarkeit, die Höchstbelastung des Elektrizitätswerkes auch allein decken kann. Unter dieser Bedingung würde aber der Nutzen der Speicherwasserkraftwerke vollständig verschwinden. Wird jedoch das Speicherwasserkraftwerk mit Pumpen ausgerüstet und hiedurch seine Leistungsfähigkeit von den Abflußverhältnissen unabhängig gemacht, dann kann der Ausbau des kalorischen Werkes wesentlich vermindert werden. Speicherwasserkraftwerke, die im Rahmen von vollhydraulischen Verbundbetrieben arbeiten, sollten aus diesem Grunde möglichst mit Pumpen ausgerüstet werden.

2. Richtlinien zum Sparen an Anlagekosten von hydraulischen Werken.

Die Kosten der verwerteten Kilowattstunden eines hydraulischen Werkes können bereits bei dem Entwurfe in gewissen Grenzen dadurch beeinflußt werden, daß einerseits durch Vereinfachung der Anordnung sowie durch Verminderung der Anzahl der aufzustellenden Einheiten die Anlagekosten ermäßigt, anderseits durch Erhöhung des Wirkungsgrades der einzelnen Teile des Werkes die erzeugbaren Energiemengen vergrößert werden. Je nachdem die betreffende Wasserkraft als Lauf- oder als Speicherkraftwerk ausgebaut werden soll, sollten bei der Beurteilung der Anlagekosten verschiedene Gesichtspunkte in Betracht gezogen werden.

Es wurde bereits auf Grund der Tabelle 11 bei der kalorischen Energieerzeugung hervorgehoben, daß der Wert der Kilowattstunden-Spitzenenergie etwa viermal so groß ist wie der der Grundenergie. Dieses Ergebnis zeigt sich auch bei hydrokalorischen Verbundbetrieben; nach Tabelle 25 betragen die Erzeugungskosten der Kilowattstunde verwerteter Grundenergie eines Laufkraftwerkes bei einem hydro-kalorischen Faktor von 25% und bei einem Konsumfaktor von 0,5 165000 RM: 8800000 kWh, das sind 1,89 Pf/kWh, während die Kosten einer Kilowattstunde verwerteter hydraulischer Spitzenenergie gemäß Tabelle 31 bei einem hydrokalorischen Faktor von 25% und bei einem Konsumfaktor von 16 auf (1125000 + 730000) RM: 26000000 kWh, somit auf rund 7,1 Pf steigen. Bei einer rund 10%igen Kapitalisierung dieser Erzeugungskosten ergeben sich 18,9 bzw. 71 Pf. Um daher mit Hilfe höherer Wirkungsgrade der einzelnen Teile des hydraulischen Werkes jährlich 1 kWh Mehrenergie zu gewinnen, darf in Laufkraftwerken eine Mehrinvestition von höchstens 18,9 Pf angelegt werden, während Speicherkraftwerke zur Gewinnung von jährlich 1 kWh Mehrenergie eine Mehrinvestition von 71 Pf vertragen.

Demgemäß können Laufkraftwerke — um an Anlagekosten zu sparen — mit ziemlich niedrigen Wirkungsgraden ausgeführt werden; die Verluste sind als Energieverbrauch zu betrachten, deren Gegenwert in Verminderung der Anlagekosten somit kapitalisiert vorausbezahlt wird. Wesentliche Ersparnisse können auf diese Weise durch Verminderung der Querschnitte der Einlaßschleusen, Rechen, Kanäle, Stollen, Druckrohrleitungen sowie durch Vereinfachung der Saugröhre gewonnen werden; beträchtliche Ersparnisse lassen sich bei Laufkraftwerken durch Verminderung der Anzahl, bzw. durch Vergrößerung der Leistungsfähigkeit der Maschinensätze erzielen. Im allgemeinen sollte bei dem Entwerfen und Bau von Laufkraftwerken eine wohldurchgedachte Sparsamkeit verfolgt und selbst das Prinzip einer restlosen Ausnutzung des zur Verfügung stehenden Gefälles dürfte aus Rücksichten eines billigen Aufbaues unter Umständen außer acht gelassen werden. Es sei auch darauf hingewiesen, daß Laufkraftwerke in einzelnen Ländern durch die Wassersteuer oft schwer belastet werden.

Speicherwasserkraftwerke, die wertvolle Spitzenenergien erzeugen, vertragen demgegenüber eine solide Ausführung, bedingen auch höhere Wirkungsgrade und die Aufstellung von Reserveeinheiten. Sie sind auch gegenüber der Wasserkraftsteuer weniger empfindlich.

3. Die systematische Energiewirtschaft

In Ländern oder Landesteilen, die ausgiebige Heizstoffschätze besitzen, bzw. deren Energiewirtschaft wegen Mangel an Wasserkräften auf die kalorische Energieerzeugung aufgebaut werden soll, sollte die Energiekonzentration möglichst vollkommen durchgeführt werden und die Grundmassen an passend angelegten kalorischen Großkraftwerken zentralisiert, die Spitzen dagegen in besonderen, möglichst bis in die Verteilungsgebiete vorgerückten Spitzenkraftwerken dezentralisiert erzeugt werden.

In solchen, auf eine kalorische Energiewirtschaft angewiesenen Ländern oder Landesteilen sind die Wasserkräfte mit Rücksicht auf die kalorische Energiewirtschaft zu beurteilen und gemäß den Bedingungen der wirtschaftlichen und billigen kalorischen Energieerzeugung in die Energiewirtschaft einzustellen. Die Grundenergien werden in der kalorischen Energiewirtschaft von hochthermischen Dampfkraftwerken erzeugt; Laufkraftwerke können somit nur so weit berücksichtigt werden, als sie mit hochthermischen Dampfkraftwerken konkurrieren können. Zum Zwecke eines erfolgreichen Konkurrenzkampfes sollten Laufkraftwerke mit einem hydrokalorischen Faktor von $25 \div 30\%$ in ein Elektrizitätswerk einarbeiten, dessen Jahresbedarf die jährlich erzeugbare Energie des Laufkraftwerkes möglichst nicht übersteigt. Ein kalorisches Werk mit einer Höchstbelastung von $30000 \div 40000$ kW und mit einer Jahresleistung von rund 100000000 kWh gilt bereits als ein selbständiges, zur Hebung der Konzentration geeignetes Großkraftwerk; dies wird auch von den Angaben des statistischen Reichsamtes bestätigt, nach welchen 122 Elektrizitätswerke in Deutschland jährlich rund 12000000000 kWh erzeugen; es entfallen somit auf 1 Großkraftwerk rund 100000000 kWh. Demgemäß können von Laufkraftwerken nur die Großwasserkraftwerke oder aber mehrere Werke gruppenweise in die kalorische Großwirtschaft eingeführt werden.

Der Ertrag von derart aufgebauten hydrokalorischen Verbundbetrieben kann noch dadurch erhöht werden, daß die Großwasserkräfte mit Tagesspeicherung allenfalls mit Speicherpumpen versehen werden, um vollwertige, gesicherte Grundenergien liefern zu können.

Kleinere Laufkraftwerke können zu isolierten Verbundbetrieben ausgebildet und zur Versorgung des Energiebedarfes von Elektrizitätswerken oder industriellen Anlagen herangezogen werden, deren Jahresbedarf die jährlich erzeugbare Energie des Laufkraftwerkes nicht übersteigt.

Für eine Einfügung in die kalorische Großwirtschaft kommen hauptsächlich Speicherwasserkraftwerke in Betracht, da selbst kleine Wasserkräfte mit Hilfe einer Jahres- oder einer Tages- und Pumpenspeicherung zur Spitzendeckung der kalorischen Großwirtschaft nutzbringend eingeschaltet werden.

Die deutsche Energiewirtschaft ist mit Ausnahme von Bayern, Württemberg und Baden auf der kalorischen Großerzeugung aufgebaut.

Die Energiekonzentration ist weitgehend durchgeführt und die Energie wird teilweise mit Stein-, teilweise mit Braunkohle an Großkraftwerken erzeugt. Diese Großkraftwerke werden im allgemeinen zur Erzeugung von Grundenergien herangezogen; sie laufen daher spezifisch hochbelastet und arbeiten mit niedrigen Erzeugungskosten. Großwasserkraftwerke, die in die Energiegroßwirtschaft zur Lieferung von Grundenergien eingeschaltet werden könnten, sind in diesen Gebieten nicht vorzufinden; selbst in Gruppen gelegene Laufkraftwerke fehlen, deren Gesamtleistung jährlich 100000000 kWh ergeben würde. Demgegenüber sind in diesen Gebieten des Reiches zahlreiche kleinere und mittlere Laufkraftwerke zu finden, die gemäß den Ergebnissen dieser Studie mit eigenen kalorischen Spitzenkraftwerken versehen, als selbständige Verbundbetriebe — inmitten der Konzentration — sogar auch neu ausgebaut werden könnten. Alle diese Laufkraftwerke — vielleicht mit Ausnahme derjenigen, welche Industrieanlagen betreiben — fallen jedoch mit dem Fortschreiten der Konzentration im Wege einer unaufhaltsamen geschäftlich-finanziellen Entwicklung in dieselbe hinein.

Zur Deckung der Spitzenenergien werden in diesen Gebieten des Reiches meistens die älteren, lokalen kalorischen Kraftwerke herangezogen, die zweckentsprechend in den Schwerpunkten des Verbrauches liegen; in den letzten Jahren wurden auch einige spezielle Spitzenkraftwerke errichtet. Pumpspeicherwerke zur Speicherung kalorischer Energie wurden in Dresden und in Herdecke errichtet; ein großes Dampfspeicherwerk, bestehend aus zwei Dampfturbinen für je 20000 kW, wird von den Berliner Elektrizitätswerken in ihrem Charlottenburger Werk aufgestellt. Es ist zu erwarten, daß der Bau von speziellen Spitzenkraftwerken in der Zukunft rasch zunehmen wird. Hiefür sprechen nicht nur finanzielle, sondern auch gewichtige Gründe der Betriebssicherheit und der Spannungsregelung.

Zur Deckung der Spitzen und gleichzeitig für eine momentane Betriebsbereitschaft im Falle von Störungen eignen sich Speicherwasserkraftwerke vorzüglich. Es liegen in den Gebieten der kalorischen Energiewirtschaft Deutschlands einige, darunter auch bedeutende Speicherwasserkraftwerke, die als Spitzenkraftwerke vorteilhaft in die Energiegroßwirtschaft einbezogen werden könnten. Es seien folgende Werke erwähnt: Urftwerk bei Aachen, Dhronwerk bei Trier, Lißberg bei Frankfurt am Main, Hemfurth, Helminghausen, Wiesenthal bei Jena, Zug bei Freiberg, Mauer, Boberröhrsdorf, Boberrullersdorf, Marklissa, Goldentraum und Breitenhain in Schlesien, Klaushof und Roßnow bei Stettin, Kleingansen bei Stolp, Pettelkau bei Elbing und Friedland bei Königsberg. Die spezifische Belastung dieser Speicherwasserkraftwerke liegt im allgemeinen zwischen 2000 und 3000 kWh/kW, so daß sie eher gesicherte Grundenergien, als Spitzenenergien liefern. Gemäß den Untersuchungen und Ergebnissen dieser Studie wäre eine Ergänzung dieser Werke mit Speicherpumpen auch dann nutzbringend, wenn die Pumpen bloß zur Sicherung der bereits ausgebauten Leistungsfähigkeit der Werke dienen würden. Wenn aber mit der Aufstellung der Pumpen gleichzeitig auch die Ausbauten so weit vergrößert werden, daß die Werke mit einer spezifischen Belastung von 1000 ÷ 500 kWh/kW hochwertige Spitzenenergien abgeben können, dann ließe sich der Ertrag der Werke unter Umständen wesentlich steigern. Eine Erweiterung der Maschinenleistung und eine Ausrüstung des Werkes mit Speicherpumpen wird zurzeit bei der Edertalsperre im Hemfurth durchgeführt.

In Ländern oder Landesteilen, die über reiche Wasserkräfte verfügen, sollte die Energiewirtschaft gemäß den Bedingungen der wirtschaftlichen und billigen hydraulischen Energieerzeugung aufgebaut werden: demgemäß kommen zur Deckung der Grundenergien hauptsächlich Laufkraftwerke — eventuell mit Tages- bzw. mit Tages- und Pumpspeicherung — in Betracht. Die Konstruktion der Verbundbetriebe und der Aufbau der Energiewirtschaft von an Wasserkräften reichen Ländern und Landesteilen weicht von der Konstruktion und Bauweise der kalorischen Energiewirtschaft grundsätzlich ab. Eine wirtschaftliche und billige Erzeugung der kalorischen Energie bedingt eine möglichst vollkommene Konzentration der Energie. Bei der hydraulischen Energieerzeugung bildet aber die Konzentration keine grundlegende Bedingung der wirtschaftlichen und billigen Erzeugung, wenigstens nicht in dem Ausmaße, wie bei der kalorischen Energieerzeugung. In Ländern oder Landesteilen, die über reiche Wasserkräfte verfügen, werden daher kleinere oder größere, voneinander mehr oder weniger unabhängige Absatzgebiete geschaffen. Diese Richtung der Energiewirtschaft ist in der Schweiz und in Österreich klar zu erkennen. In Bayern mußte jedoch eine vollkommene Konzentration durchgeführt werden, da die Wasserkräfte im Süden des Staates liegen und ein Absatzgebiet nur mit Hilfe von Hochspannungsfernleitungen geschaffen werden konnte; eine vollkommene Konzentration wurde auch in Irland durchgeführt, um die Energie des Shannonflusses (6 × 20000 kW) verteilen zu können.

Die Deckung der Spitzen von Verbundbetrieben, deren Grundenergien von Laufkraftwerken erzeugt werden, erfordert einen hohen Ausbau von anpassungsfähigen Energiequellen. Zu diesem Zwecke können Jahresspeicherwerke oder mit Speicherpumpen ausgerüstete Tagesspeicherkraftwerke nur teilweise herangezogen werden; kalorische Kraftwerke müssen — mit Rücksicht auf die Veränderlichkeit des Wasserabflusses — unbedingt in einem genügenden Ausmaße eingeschaltet werden. Mit Hilfe einer Ausstattung der Speicherwasserkräfte mit Pumpen können die Ausbauten der kalorischen Werke entsprechend ermäßigt werden.

In solchen Ländern, die auf eine Heizstoffeinfuhr angewiesen sind und über reiche Wasserkräfte verfügen, ist das Bestreben wahrzunehmen, im Rahmen von vollhydraulischen Verbundbetrieben möglichst den vollen Energiebedarf hydraulisch zu decken. So betrug der Ausbau der Wasserkräfte in der Schweiz nach dem Berichte von Ehrensperger[1]

[1] Ehrensperger, Ing., Betrachtungen über die wirtschaftlichen Beziehungen zwischen hydraulisch und thermisch erzeugter elektrischer Energie. Berichterstattung der Weltkonferenz. Sondertagung Basel, 1926.

833000 kW gegenüber 62000 kW Gesamtleistungsfähigkeit der errichteten kalorischen Werke; in dem trockenen Jahre von 1925 wurden bloß 0,5% der Gesamtenergie kalorisch erzeugt. Die Betriebskonstruktion der Energiewirtschaft in der Schweiz scheint somit mit der aufgestellten Bedingung der Verbundbetriebe nicht im Einklang zu stehen. Wenn man jedoch die Verhältnisse näher betrachtet, kommt man zum Schlusse, daß dieser Widerspruch bloß ein scheinbarer ist. Aus der Schweiz werden nämlich bei einer Höchstbelastung von 172000 kW jährlich 650000000 kW hydraulischer Energie ausgeführt (1925). Laut den Verträgen kann diese Energiemenge in trockenen Zeiten nicht nur entzogen, sondern auch eine Rücklieferung von kalorischer Energie verlangt werden.[1] Die beträchtlichen ausländischen kalorischen Werke sind hiedurch zu integrierenden Teilen der Schweizer Wasserkraftwerke geworden; dadurch entsteht ein den obigen Bedingungen entsprechender hydrokalorischer Verbundbetrieb.

Verbundbetriebe, deren Grundenergien von Laufkraftwerken geliefert werden, erzeugen die Kilowattstunde um so billiger, je kleiner der Jahresverbrauch des Elektrizitätswerkes gegenüber der jährlich erzeugbaren Energie des hydraulischen Werkes ausfällt; gleichzeitig sinkt aber der Verarbeitungsgrad der abfließenden Wassermenge. Eine große, unverarbeitet wegfließende Wassermenge ist somit ein integrierender Teil von richtig konstruierten hydrokalorischen Verbundbetrieben — enthaltend Laufkraftwerke. Die unverarbeiteten Wassermengen sind selbstverständlich während der nassen Jahre größer als während der trockenen; sie sind auch bei Hochgebirgsflüssen größer, als bei Mittelgebirgsflüssen.

Es ist selbstverständlich, daß die Elektrizitätswerke diese bedeutenden Mengen an Überschußenergien verwerten möchten und mittels Fernleitungen selbst an entferntliegende kalorische Werke abzugeben versuchen. Dabei rechnet man mit der Möglichkeit, in Wassermangelzeiten über dieselben Fernleitungen kalorische Energie zu beziehen. Eine Überlegung deutet aber darauf hin, daß ein derartiger Energieaustausch theoretisch nur in Ausnahmsfällen begründet werden könnte. Die hydraulischen Überschußenergien eines Verbundbetriebes sind Abfälle aus bereits unsicheren, aus den zufälligen Wasserabflüssen entstammenden Energiedarbietungen; in nassen Jahren ergeben sich hieraus große Massen, sie vermindern sich aber in trockenen Jahren eventuell bis auf 0. Solche unsichere Abfallenergien vertragen größere Fernleitungskosten ebensowenig, als z. B. die minderwertigen Braunkohlen. Wieweit die Kostenberechnung von einer Rücklieferung von kalorischer Energie beeinflußt werden kann, kann nur von Fall zu Fall untersucht werden.

[1] Trüb, Ing., Mitteilungen auf der Weltkraftkonferenz, Sondertagung Basel, 1926. — Härry A., Die Wasserkraftnutzung in der Schweiz. Wasserkraft-Jahrbücher. 1925/26. München: Richard Pflaum. — Führer durch die Schweizerische Wasserwirtschaft. Herausgegeben vom Schweizerischen Wasserwirtschaftsverband.

Einige Ergebnisse dieser Studie können an Hand der Energiewirtschaft der südöstlichen Gegenden der Vereinigten Staaten von Amerika beleuchtet werden. In den Staaten Alabama, Georgia, North- und South-Carolina sowie in Tenessee werden für die öffentliche Versorgung jährlich rund 7000000000 kWh, davon etwa 4600000000 kWh hydraulisch erzeugt. Die Großkraftwerke in den einzelnen Staaten sind untereinander durch 100 kV-Fernleitungen verbunden; zwischen den Netzen der Nachbarstaaten sind an geeigneten Stellen Verbindungsleitungen angelegt; einige Gesellschaften haben kalorische Kraftwerke in einem entsprechenden Ausmaße aufgestellt, andere Staaten sind aber beinahe ausschließlich auf die hydraulische Erzeugung angewiesen. Die Georgia Power Company besitzt[1] Wasserkraftanlagen mit einem Gesamtausbau von 207000 kW, enthaltend ein Speichervermögen von 165000000 kWh; kalorische Werke sind bloß mit einer Gesamtleistungsfähigkeit von 23000 kW aufgestellt; der Jahresbedarf der Gesellschaft erhöht sich auf 450000000 kWh. Das Jahr 1925 war ein trockenes und die Gesellschaft konnte in ihren Speicherbecken der Tallulah-Tugalo-Gebiete statt 120000000 bloß 50000000 kWh ansammeln. Das Elektrizitätswerk hat demnach im Herbst 1925 an einer Not an Energie gelitten; es wurden Energien von den Nachbarstaaten bezogen, die jedoch selber mit der Trockenheit zu kämpfen hatten; man hat auch die kalorischen Werke der Konsumenten in Betrieb gesetzt und die Abnehmer mußten weiters ihre Arbeitszeiten in die Nacht verlegen.

Diese Erscheinungen liefern praktische Beweise für einige Feststellungen dieser Studie. Die hydraulische Energieerzeugung — ob sie Lauf- oder Speicherwasserkraftwerke enthält —, sollte über eine ausgiebige kalorische Reserve verfügen; diese Reserve ist aus der Wasserführung des trockensten Jahres zu berechnen. Die Speicherbecken sind gemäß den Abflüssen im trockensten Jahre (im vorliegenden Beispiel auf 50000000 kWh) zu bemessen; der überschüssige Speicherraum kann nur zur Speicherung von Überschußwassermengen der nasseren Jahre verwendet werden; zur Sicherung der Ausbauleistung ist er nicht geeignet.

Die 100 kV-Netze in den einzelnen Staaten sind untereinander nur stellenweise verbunden; sie können etwa 10000 ÷ 50000 kW zwischen den benachbarten Staaten austauschen; 220 kV-Leitungen, die zu einer direkten Verschiebung von großen Leistungen dienen sollten, wurden bisher nicht errichtet, und die Auffassung der Betriebsleiter geht dahin, daß zwar eine Verbindung der Netze der einzelnen Staaten untereinander zwecks gegenseitiger Aushilfe vorteilhaft und notwendig ist, jedoch jede Gesellschaft über eine entsprechende eigene kalorische Reserve verfügen sollte.

[1] Interconnection saves South. Electrical World, 9. Januar 1926.

Von der Bewegung des Wassers und den dabei auftretenden Kräften. Grundlagen zu einer praktischen Hydrodynamik für Bauingenieure. Nach Arbeiten von Staatsrat Dr.-Ing. e. h. **Alexander Koch,** s. Zt. Professor an der Technischen Hochschule Darmstadt, herausgegeben von Dr.-Ing. e. h. **Max Carstanjen.** Nebst einer Auswahl von Versuchen Kochs im Wasserbau-Laboratorium der Darmstädter Technischen Hochschule zusammengestellt unter Mitwirkung von Studienrat Dipl.-Ing. L. Hainz. Mit 331 Abbildungen im Text und auf 2 Tafeln sowie einem Bildnis. XII, 228 Seiten. 1926. Gebunden RM 28,50

Die Wasserkraft. Von Studienrat Dr. **Theodor Meyer,** Berlin. Mit 35 Abbildungen im Text und 132 Aufgaben nebst Lösungen. („Technische Fachbücher“, Bd. I.) IV, 126 Seiten. 1926. RM 2,25

(Verlag b. W. Kreidel, München.)

Die Wasserkräfte, ihr Ausbau und ihre wirtschaftliche Ausnutzung. Ein technisch-wirtschaftliches Lehr- und Handbuch. Von Professor Dr.-Ing. Dr. techn. e. h. **Adolf Ludin.** 2 Bände. Mit 1087 Abbildungen im Text und auf 11 Tafeln. Preisgekrönt von der Akademie des Bauwesens in Berlin. XX, 1404 Seiten. 1913. Unveränderter Neudruck 1923. Gebunden RM 66,—

Energie-Umwandlungen in Flüssigkeiten. Von Professor **Dónát Bánki,** Budapest. In zwei Bänden. Erster Band: Einleitung in die Konstruktionslehre der Wasserkraftmaschinen, Kompressoren, Dampfturbinen und Aeroplane. Mit 591 Textabbildungen und 9 Tafeln. VIII, 512 Seiten. 1921. Gebunden RM 20,—

Lehrbuch der Hydraulik für Ingenieure und Physiker. Zum Gebrauche bei Vorlesungen und zum Selbststudium. Von Professor Dr.-Ing. **Theodor Pöschl,** Prag. Mit 148 Abbildungen. VI, 192 Seiten. 1924. RM 8,40; gebunden RM 9,90

Angewandte Hydraulik. Von Dr.-Ing. **Felix Bundschu.** Mit 55 Abbildungen im Text. IV, 76 Seiten. 1929. RM 6,90

Hydraulik in ihren Anwendungen. Von Professor Dr.-Ing. **Anton Staus.** („Maschinenuntersuchungen“, Band I.) Zweite, neubearbeitete Auflage. Mit 131 Textabbildungen und 29 Zahlentafeln. X, 196 Seiten. 1926. RM 9,—; gebunden RM 10,50

Aufgaben aus dem Wasserbau. Angewandte Hydraulik. 40 vollkommen durchgerechnete Beispiele. Von Dr.-Ing. **Otto Streck.** Mit 133 Abbildungen, 35 Tabellen und 11 Tafeln. Zweite, berichtigte Auflage. IX, 362 Seiten. 1929. Gebunden RM 12,—

Wasserkraftmaschinen. Eine Einführung in Wesen, Bau und Berechnung von Wasserkraftmaschinen und Wasserkraftanlagen. Von Dipl.-Ing. **L. Quantz,** Stettin. Siebente, vollständig umgearbeitete Auflage. Mit 212 Abbildungen im Text. VII, 149 Seiten. 1929. RM 5,25

Die Theorie der Wasserturbinen. Ein kurzes Lehrbuch von Professor **Rudolf Escher †,** Zürich. Dritte, vermehrte und verbesserte Auflage herausgegeben von Ober-Ing. **Robert Dubs,** Zürich. Mit 364 Textabbildungen und 1 Tafel. XIV, 356 Seiten. 1924. Gebunden RM 13,50

Der Genauigkeitsgrad von Flügelmessungen bei Wasserkraftanlagen. Von Professor Dr.-Ing. **Anton Staus.** Mit 15 Textabbildungen und 4 Zahlentafeln. IV, 36 Seiten. 1926. RM 2,40

Druckrohrleitungen der Wasserkraftwerke. Entwurf, Berechnung, Bau und Betrieb. Von Ministerialrat Ing. Dr. techn. **Artur Hruschka,** Wien. Mit 152 Abbildungen, 31 Tabellen und 38 Beispielen im Text. XVI, 283 Seiten. 1929. RM 23,—; gebunden RM 25,—

Druckrohrleitungen. Berechnungs- und Konstruktionsgrundlagen der Rohrleitungen für Wasserkraft- und Wasserversorgungsanlagen. Von Dr.-Ing. **Felix Bundschu.** Zweite, neubearbeitete Auflage. Mit 15 Abbildungen. IV, 62 Seiten. 1929. RM 6,—

Druckschwankungen in Druckrohrleitungen. Von Dr. techn. Ing. **R. Löwy,** Oberingenieur der Leobersdorfer Maschinenfabriks-Aktien-Gesellschaft, Leobersdorf bei Wien. Mit 45 Abbildungen im Text und 7 Tafeln. V, 162 Seiten. 1928. RM 15,—

Zeichnerische Bestimmung der Spiegelbewegungen in Wasserschlössern von Wasserkraftanlagen mit unter Druck durchflossenem Zulaufgerinne. Von Ing. Dr. techn. **Ludwig Mühlhofer,** Innsbruck-Wien. Mit 11 Textabbildungen. V, 75 Seiten. 1924. RM 3,90

Das Wasserschloß bei Hochdruckspeicheranlagen. Unter besonderer Berücksichtigung des Kammerwasserschlosses mit Überfall. Von Dr. Ing. **Otto Streck.** Mit 36 Textabbildungen und 7 Tafeln. VI, 68 Seiten. 1929. RM 9,50